I Saggi di Harmakis
14

VALENTINO BELLUCCI

LA CHIESA DI DARWIN

I Dogmi dell'evoluzione e gli scienziati che la criticano

harmakis
EDIZIONI

Divisione S.E.A. Servizi Editoriali Avanzati,
Sede Legale in Via Del Mocarini, 11 - 52025 Montevarchi (AR)
Sede Operativa, la medesima sopra citata.

www.harmakisedizioni.org
info@harmakisedizioni.org
Stampato da: Rotomail Italia Spa

ISBN 978-88-98301-31-7

Finito di stampare Novembre 2015

Quanto oggi sappiamo della vita a livello molecolare è stato messo insieme con i risultati di innumerevoli esperimenti...[...] Il risultato di questo sforzo cumulativo di indagine sulla cellula - di indagine della vita a livello molecolare - è un forte, chiaro, penetrante grido: progetto! Il risultato è così poco ambiguo e così significativo da dover essere archiviato come uno dei più grandi successi nella storia della scienza. È una scoperta che può essere paragonata a quelle di Newton e Einstein...[1]

Michael Behe, biochimico

Sono pervenuto alla conclusione che il Darwinismo non è una teoria scientificamente testabile ma un programma di ricerca metafisica.[2]

Karl Popper, filosofo

... io non sono evoluzionista... [...] È grazie a una strana specie di illusione che si immaginano questi passaggi.[3]

Paul Valéry, scrittore

---

1. M. Behe, La scatola nera di Darwin, Alfa e Omega edizioni, Caltanisetta 2007, pag. 297.

2. K. Popper, Unended Quest: An Intellectual Autobiography, 1974, p. 168.

3. P. Valéry, Quaderni. Volume quinto, Adelphi, Milano 2002, pag. 425.

La chela del gambero, l'occhio sfaccettato della mosca o l'apparato di volo del maggiolino sono realizzazioni perfette che non hanno bisogno di nessun miglioramento e delle quali non si può tracciare l'evoluzione. [...] I fatti sono ben lontani da questa visione semplicistica del mondo che è l'evoluzionismo, questa teoria che vorrebbe essere una conclusione scientifica e che non è altro che un dogma. Siamo qui in pieno mito, al centro di un colossale falso scientifico.[4]

Jean Servier, etnologo, sociologo e storico

---

4. J. Servier, *L'uomo e l'invisibile. Saggio di etnologia,* Borla editore, Torino 1967, pag. 24 e 16.

LA CH
DI DA

I Dogmi dell'evoluzione e g

HIESA RWIN

gli scienziati che la criticano

PREMESSA

> Qual è il senso della vita, o della vita organica in generale? Rispondere a questa domanda implica comunque una religione. Mi chiederete, allora, ha senso porla? Io rispondo che l'uomo che considera la propria vita e quella delle creature consimili priva di senso non è semplicemente sventurato, ma quasi inidoneo alla vita.[5]
>
> Albert Einstein

La vita è un caso o un progetto? E se si tratta di un progetto, a quale scopo? La teoria dell'evoluzione, ormai dominante dai tempi di Darwin, è davvero stata dimostrata? Oppure ci sono scienziati che non la ritengono valida? E affermare la realtà di un *progetto* significa per forza essere un 'Creazionista'? In questo saggio ho tentato di esporre in modo sintetico e chiaro *cosa* non torna nella teoria evoluzionistica e *perché* vi è una fortissima resistenza ad ogni sua critica, non tanto da parte di certi esponenti religiosi ma da parte di studiosi di tutto il mondo. Nel 2001 il *Discovery Institute* pubblicò una petizione di 800 scienziati di tutto il pianeta che volevano prendere le distanze dalla teoria evolutiva darwiniana: "Non crediamo affatto all'ipotesi secondo cui le mutazioni casuali e la selezione naturale siano in grado di rendere conto della complessità della vita biologica. Dovrebbe essere incoraggiato un esame critico della teoria darwiniana."[6] A questa petizione parteciparono biologi, chimici, fisici e persino dei matematici! Eppure tale proclama non ebbe una corretta risonanza mediatica e nessun dibattito a livello accademico è

5. A. Einstein, *Il mondo come io lo vedo,* Newton editore, Roma 2009, pag. 23.

6. www.dissentfromdarwin.org

stato mai proposto per un serio esame critico del darwinismo o del neo-darwinismo. Strano. Ogni lettore a questo punto sentirebbe puzza di bruciato… Il fatto è che il mondo scientifico non è un mondo senza ideologie, senza giochi di potere e senza pregiudizi culturali e psicologici… Sono scienziati *umani, troppo umani*… Del resto è abbastanza facile comprendere il terrore del mondo scientifico dominante: "Più di uno dei nostri colleghi ci ha detto che, anche se Darwin aveva sostanzialmente torto a sostenere che la selezione naturale è il meccanismo dell'evoluzione, comunque non dovremmo dirlo. Non, comunque, in pubblico."[7] Perché questa omertà? L'omertà nasconde interessi legati al potere e alla paura… Di cosa hanno paura gli scienziati? Dire che la teoria evolutiva è insostenibile significa aprire le porte ad una intelligenza, ad un *deus,* un architetto cosmico… E il biochimico americano Micheal Behe lo sa bene e in tutta onestà scrive: "Perché la comunità scientifica non si lancia con avidità su questa sconvolgente scoperta? Perché l'affermazione della progettualità viene maneggiata con i guanti dell'intelletto? Il problema è che, mentre un lato dell'elefante è etichettato come '*Intelligent Design',* l'altro lato potrebbe essere etichettato come 'Dio' ".[8] Sono etichette che scottano… Galileo Galilei lo sapeva bene, lui che ha rischiato il rogo per aver detto la verità… Con l'episodio galileiano è avvenuta una tremenda frattura tra scienza e religione, una sorta di divorzio irreversibile; nel '700 e nell'800 il mondo scientifico ha cercato con molti mezzi di raggiungere una totale indipendenza, arrivando ad un vero e proprio *aut-aut*: o lo scienza o la religione! Ma tale approccio, anche se giustificabile dal punto di vista storico, non è più sostenibile. Una società realmente libera non può rifiutare a priori l'esistenza di una intelligenza cosmica per paura di ridare terreno ad una istituzione religiosa che ha fatto torturare e bruciare milioni di persone… certo, psicologicamente è un atto di *legittima difesa,* ma ci sono anche altre questioni. Non esiste solo la religione

---

7. M. P. Palmarini e J. Fodor, *Gli errori di Darwin,* Feltrinelli, Milano 2010, pp. 18-19.

8. M. Behe, *op. cit.,* pag. 298.

cristiana, non esistono solo dogmi e inquisizioni... Ci sono tradizioni spirituali millenarie dove *mai* è stata versata una sola goccia di sangue e in tali tradizioni Dio è visto con altri occhi, cioè con altri paradigmi... Inoltre un uomo come Voltaire, che certamente non era tenero verso la Chiesa, scriveva limpidamente e razionalmente: "Se osservate un insetto, una chiocciola o una mosca, vi vedrete un'arte infinita, che nessuna abilità umana può imitare: bisogna dunque che vi sia un artista infinitamente abile, ed è quello che i saggi chiamano Dio.[9]" Voltaire, uno dei giganti dell'Illuminismo, non aveva paura dell'idea di Dio, poiché sapeva bene che l'onestà intellettuale deve sempre andare oltre ogni pregiudizio. Nelle prossime pagine presento al lettore gli studi scientifici che non appartengono né all'ideologia religiosa né all'ideologia materialista; è semplicemente la ricerca della verità; tale ricerca, per Einstein, trae origine da "uno stupore rapito davanti all'armonia della legge naturale, che rivela un'intelligenza di tale superiorità che, al confronto, tutto il pensiero e l'agire degli esseri umani sono un riflesso assolutamente insignificante."[10]

Valentino Bellucci, Ancona 2014-08-11

9. Voltaire, *Dialoghi di Evemero,* SE, Milano 1989, pag. 19.

10. A. Einstein, *op. cit.,* pag. 46.

CAPITOLO 1
L'ONESTÀ DI DARWIN

> Se si potesse dimostrare l'esistenza di un qualsiasi organo complesso che non abbia potuto essere formato attraverso modificazioni numerose, successive, lievi, la mia teoria dovrebbe assolutamente cadere.[11]
>
> Charles Darwin

Charles Darwin aveva molti dubbi e non li nascondeva. Non aveva l'arroganza d'aver spiegato l'enigma della vita nel cosmo e neppure considerava la sua *teoria* come una realtà scientifica incontrovertibile. Nella sua opera fondamentale, *L'origine delle specie,* egli dedica un intero capitolo ai punti deboli della sua teoria. Ma in cosa consiste esattamente l'idea di Darwin? Così Darwin stesso afferma: "In accordo con il piano per cui l'universo sembra governato dal Creatore, consideriamo se esista qualche strumento *secondario* nell'economia della natura, per mezzo del quale il processo di selezione possa esattamente e meravigliosamente adattare gli organismi, se mai sono plasmabili anche in piccolo grado, a scopi diversi. Io credo che questo strumento secondario esista."[12] Darwin, come ricordano molti studiosi, non escludeva un piano divino nell'ordine cosmico, ma *credeva* che la natura si fosse sviluppata attraverso un meccanismo ben preciso e non attraverso l'intervento diretto di una intelligenza. In quel "sembra" di Darwin vi è tutta la potenzialità ideologica dell'evoluzionismo, come possibilità di

11. C. Darwin, *L'origine delle specie,* Bollati Boringhieri, Torino 1999, pag. 242.

12. C. Darwin, *L'origine delle specie. Saggio del 1844,* Newton, Roma 2013, pag. 23.

eliminare ogni teismo dalla comparsa della vita...Ma in cosa consiste tale meccanismo? Si tratta della famosa *selezione naturale.* Darwin la osservò in particolare negli allevamenti degli animali, dove, effettivamente, il meccanismo selettivo permette di dire che "ciò che l'uomo ha ottenuto con la pazienza è meraviglioso. Egli ha selezionato, e perciò in un certo senso fatto, una razza di cavalli da corsa ed una da tiro, pecore con lana adatta a fare tappeti e pecore con lana adatta ai vestiti... [...]... ha fatto in modo che le zampe di una razza di piccioni fossero lunghe, e che un'altra avesse il becco così corto che difficilmente può nutrirsi da sola, ed ha stabilito quale colore dovessero avere le penne di un uccello..."[13] In base a tali modificazioni operate dalla selezione umana Darwin ipotizzò, studiando da buon naturalista moltissime specie, che la natura stessa avesse non solo modificato le specie, ma le avesse *prodotte.* Ma questo approccio è corretto? Operare modifiche all'*interno* di una specie è una cosa, ma nessun allevatore ha trasformato una specie in un'altra...Certo, la natura ha ben altri mezzi rispetto all'uomo e ha milioni, miliardi di anni a disposizione... Eppure oggi gli stessi evoluzionisti ci ricordano che il meccanismo di selezione naturale *non può spiegare la varietà delle specie viventi e la loro comparsa:*

> ... la teoria di Darwin della selezione naturale ha delle falle fatali. [...] I darwinisti sono tormentati dal *free riding* perché non si sono resi conto dell'intensionalità della nozione di "selezione-per" e di altre simili; e quando si richiama la loro attenzione sul problema, non sanno minimamente che pesci pigliare. [...] Ma le radici dee problemi dei *free rider* risalgono a Darwin e alla sua passione per la supposta analogia fra il modo in cui la selezione naturale manipola i fenotipi e il modo in cui li manipolano gli allevatori. Sotto questo aspetto Darwin non è stato abbastanza colpito dal fatto che gli allevatori hanno una mente: agiscono seguendo le loro convinzioni, i loro desideri, le loro intenzioni e così via; mentre, ovviamente, nessuna di queste cose vale nel caso della selezione naturale.[14]

---

13. *Ivi.,* pag. 10.

14. M. P. Palmarini e J. Fodor, *op. cit.,* pag. 17.

Uno dei tanti errori commessi da Darwin fu proprio questo: non vedere che gli allevatori selezionano grazie alla loro *intelligenza, seguendo un progetto, un'idea.* Per coerenza intellettuale avrebbe come minimo dovuto riconoscere la stessa progettualità e lo stesso scopo nella selezione naturale... Purtroppo non lo fece e molti evoluzionisti, ancora oggi, non lo fanno. Ma cosa sono questi *free rider*? Gli studiosi fanno un paragone con l'architettura: "Siamo invitati a considerare la relazione fra archi e pennacchi nel progetto delle cattedrali che hanno cupole. (I pennacchi sono i piccoli triangoli formati dalla convergenza degli archi che sostengono la cupola). [...] Come per il collo lungo della giraffa e la pelliccia bianca dell'orso polare o le orecchie grandi degli elefanti, si possono immaginare varie ipotesi... [...] ...tutte queste teorie adattamentiste dei pennacchi sono false; sono storie 'proprio così', storie *ad hoc,* elaborate *a posteriori*, per santificare spiegazioni teleologiche di quelli che, in realtà, sono elementi senza funzione.
I pennacchi non fanno proprio nulla; sono puri *free rider.*"[15] Le orecchie dell'elefante Darwin e gli evoluzionisti non riescono proprio a spiegarle, e non solo le orecchie dell'elefante... Non sono spiegabili come risultato di selezione o di adattamento all'ambiente, anche se gli evoluzionisti sanno raccontare molte storie, *favole,* per far credere ciò che scientificamente non riescono a comprendere. E se tali aspetti fossero del tutto *estetici*? Vedremo come molti scienziati considerino ogni specie un'opera d'arte e i *free rider, in tale ottica,* sono quindi il risultato della creatività dell'artista che li ha progettati. È un serio problema per i darwinisti, poiché la selezione naturale resta sempre "il più importante dei meccanismi evolutivi".[16] Eppure gli studiosi più onesti sono costretti a riconoscere che:

Nonostante tutta la pubblicità contraria, la selezione naturale *non può* essere un meccanismo generale che collega la variazione fenotipica con la variazione nella *fitness.* E quindi la selezione naturale non può

---

15. *Ivi.,* pag. 137 e 138.

16. *Ivi.,* pag. 139.

essere il meccanismo dell'evoluzione. [...] In effetti è molto difficile trovare una spiegazione dell'evoluzione che elimini veramente il *deus* dalla *machina.* Anche Darwin non sapeva come farlo. E non sappiamo farlo neanche noi, se dobbiamo stare attaccati all'adattamentismo.[17]

Nonostante queste difficoltà gli evoluzionisti non demordono e cercano in ogni modo di trovare altre modalità per *salvare la teoria, dopo aver riconosciuto che Darwin non regge o, come minimo, non è sufficiente...* Nei capitoli successivi vedremo perché, secondo altri scienziati, è proprio la teoria evolutiva a non reggere.
In effetti la teoria di Darwin venne già criticata dagli studiosi dell'800, per questo il '900 ha visto la nascita del neo-darwinismo, dato che i meccanismi evolutivi (selezione naturale, adattamento) non reggevano. Oggi la discussione si svolge soprattutto sul piano della genetica e delle cosiddette *mutazioni.* Per concludere vorrei citare quello che per Darwin poteva costituire il maggiore ostacolo alla sua teoria:

Questa mancanza di prove dell'esistenza nel passato di un numero quasi infinito di forme intermedie, è, credo, il maggiore ostacolo alla teoria dell'origine comune, ma debbo pensare che ciò sia dovuto all'ignoranza derivata necessariamente dall'imperfezione di tutti i dati geologici.[18]

Purtroppo per Darwin questo ostacolo è, dopo più di un secolo e mezzo, tutt'altro che superato. Vedremo come la Paleontologia non abbia documentato questa infinità di forme intermedie, di transizione, da una specie ad un'altra... Per i neo-darwinisti è l'aspetto più duro da digerire. Ma Darwin era ottimista, fin troppo; come scrisse acutamente Valéry: "Darwin ha immaginato di disegnare le radici immaginarie dell'albero genealogico di cui si vedeva soltanto il fogliame."[19] Ma fu molto più onesto degli

---

17. *Ivi.,* pag. 159.

18. C. Darwin, *L'origine delle specie. Saggio del 1844, op. cit.,* pag. 120.

19. P. Valéry, *op. cit.,* pag. 438.

scienziati che ancora oggi si ostinano a disegnare ciò che esiste solo nella loro fantasia…

CAPITOLO 2
L'ENIGMA DELLA VITA

È come se, a partire dal Big Bang, l'universo avesse lo scopo di generare la vita...[20]

George Wald, premio Nobel per la Medicina.

...nessuna teoria è ancora assodata circa le condizioni generali dell'emergenza della vita dalla non vita. E neppure una teoria generale del genere, nemmeno se confermata, stabilirebbe come ha avuto origine la vita sulla Terra.[21]

Stuart Kauffman, docente di Biologia cellulare

La differenza tra un essere organico e un essere inorganico è ancora oggi materia di profonda discussione in ambito scientifico e filosofico. Cosa ha permesso, ad un certo punto, la manifestazione della vita? Quali sono le sue caratteristiche essenziali? Lo scienziato Werner Arber, premio nobel e biologo molecolare, dice: "... credo che la vita vada al di là di un semplice assembramento di bio-molecole. Per diversi anni mi ero concentrato sull'esplorazione dell'evoluzione molecolare e avevo sollevato delle questioni circa l'origine della vita, tema che presenta un'enorme vastità d'interesse. Tuttavia, ho rinunziato a cercare la risposta alle domande più

20. G. Wald, *Cosmologia della vita e della mente,* in *Scienza e Spiritualità,* Il raggio verde, Lecce 2005, pag. 24.

21. S. Kauffman, *Esplorazioni evolutive,* Einaudi, Torino 2005, pag. 34.

recenti. So quanto sia difficile. Ciononostante, molti scienziati *credono* ancora che le caratteristiche della materia, le molecole organiche, siano tali da poter generare la vita."[22] Ancora una volta abbiamo il fenomeno di alcuni scienziati intellettualmente onesti, i quali dichiarano apertamente quanto lo studio della vita sia complesso e non riducibile ad una visione materialistica, e ciò avviene, però, in una comunità scientifica che "crede" nel paradigma materialistico e dogmaticamente lo impone ad un livello culturale accademico e divulgativo. Con quale sicurezza e superficialità Monod scriveva: "Sembra dunque *dimostrato* che, sulla Terra, a un certo momento, alcune distese d'acqua *furono nelle condizioni* di contenere in soluzione concentrazioni elevate dei costituenti essenziali delle due classi di macromolecole biologiche, gli acidi nucleici e le proteine. In questo 'brodo primordiale' si poterono formare diverse macromolecole…"[23] Oggi sappiamo che gli esperimenti di Miller, Melvin Calvin, Sidney W. Fox, ecc., non si basavano sulla effettiva situazione del pianeta miliardi di anni fa, inoltre "ammettendo, comunque, che nelle epoche primitive queste [molecole organiche] non si scomponessero, bensì continuassero a formarsi, pare egualmente assai poco probabile che potessero arrivare a costituire un 'brodo ancestrale' come quello immaginato dai sostenitori dell'abiogenesi. Anche se nei mari primordiali si fosse disciolto tutto l'azoto allora disponibile e ne fossero derivate molecole formatesi a casaccio, la concentrazione di ammoniaca e di altri composti azotati utilizzabili ai fini della 'evoluzione chimica' sarebbe stata, verosimilmente, abbastanza insignificante. In ogni caso, le obiezioni principali alla tesi del 'brodo prebiotico' provengono dalla geologia e dalla paleontologia."[24] Infatti *non è stato mai trovato nessun fossile di una cellula primordiale,*

22. W. Arber, *La vita e le sue origini,* in *Scienza e Spiritualità,* Il raggio verde, Lecce 2005, pag. 75. (corsivo mio)

23. J. Monod, *Il caso e la necessità. Saggio sulla filosofia naturale della biologia contemporanea,* Mondadori, Milano 1970, pag. 115.

24. G. Sermonti e R. Fondi, *Dopo Darwin. Critica all'evoluzionismo,* Rusconi, 1980, pag. 170.

primitiva. Monod e gli evoluzionisti lo sanno fin troppo bene: "... non abbiamo la minima idea di quale sia stata la struttura di una cellula primitiva. Il più semplice sistema vivente a noi noto, la cellula batterica, piccolo congegno estremamente complesso ed efficace, aveva forse già raggiunto il suo attuale stato di perfezione più di un miliardo di anni fa. Lo schema generale del chimismo di questa cellula è identico a quello di tutti gli altri esseri viventi. Esso si serve, ad esempio, dello stesso codice genetico e dello stesso meccanismo di traduzione delle cellule umane. Così anche le più semplici cellule che possiamo studiare oggi non hanno nulla di 'primitivo'."[25] La prima cellula è documentata dai fossili come già complessa, esattamente come le cellule di oggi; nessuna traccia delle *evoluzioni della cellula primitiva.* Eppure il dogma evoluzionistico domina e Monod, senza alcuna prova, afferma: "Esse rappresentano il prodotto di una selezione che, attraverso cinquecento o mille miliardi di generazioni, ha potuto costituire un sistema teleonomico così potente da rendere indistinguibili le vestigia delle strutture realmente primitive."[26] Solo che non vi è alcuna prova scientifica, oggettiva, di tale selezione, infatti: "Ricostruire una simile evoluzione, senza alcun fossile, è un'impresa impossibile."[27] Cosa fanno allora gli evoluzionisti? Quelli più onesti tacciono e non sanno spiegare la cosiddetta 'evoluzione' della cellula; altri, più fantasiosi, tentano ipotesi, favole, miti... L'origine della vita è talmente enigmatica da costringere l'umanità nella dimensione del mito: o i miti della creazione oppure il mito del 'brodo primordiale'. Ci sarebbe l'ipotesi dell'ingegneria genetica, ma tirerebbe in ballo degli esseri extraterrestri... Vedremo più avanti queste *ipotesi new age*... Il punto decisivo è notare come gli scienziati (la maggior parte almeno) non riescano ad abbandonare il paradigma materialistico. Pochi hanno il coraggio di riconoscere nella cellula una *complessità irriducibile*, come dice Behe, cioè una struttura che ha senso vivente solo se progettata in quanto

25. J. Monod, *op. cit.,* pag. 116.

26. J. Monod, *op. cit.,* pag. 116.

27. *Ibidem.*

realtà del tutto compiuta. Del resto i fossili mostrano solo cellule già perfette e complesse. Infatti: "La cellula non è la miniatura dell'organismo, è qualcosa di molto più complesso delle forme macroscopiche finali."[28] Più i biologi molecolari, i biochimici, i genetisti studiano la cellula e più la sua straordinaria complessità distrugge il mito di una evoluzione da strutture semplici a strutture più complesse: la vita ha inizio nella sua struttura di base al massimo livello di complessità. Purtroppo il paradigma dogmatico della biologia evoluzionista fa resistenza a queste scoperte magnifiche. Del resto la comunità scientifica si ostina ad ignorare il fenomeno più sconcertante della vita: la *coscienza.* Un premio nobel (per lo studio delle sinapsi) come Sir John Eccles separava la realtà della coscienza dalla materia cerebrale:

> L'ipotesi interazionistica ecclesiana si fonda sul concetto secondo cui tutti gli eventi mentali e le esperienze rappresentano combinazioni di eventi mentali unitari chiamati psiconi. [...] L'interazione reciproca tra mente e cervello sarebbe dunque caratterizzata da un'interazione che si svolge in modo unitario tra uno psicone ed un dendrone che gli corrisponde. [...] Secondo Eccles, gli psiconi avrebbero vita autonoma in un loro mondo: il mondo degli psiconi, cioè il mondo dell'Io.[29]

Non vi è alcuna prova scientifica che la coscienza sia un prodotto della materia; tale *mito* accomuna tutte le tradizioni materialistiche; e quando studi scientifici propongono una coscienza come realtà autonoma rispetto al cervello la comunità scientifica è totalmente sorda, come nel caso di un premio nobel che ha studiato a fondo la struttura del cervello... Gli studi più innovativi dimostrano che ogni riduzionismo metafisico relativo alla coscienza è insostenibile:

> Lo scienziato informatico Simon Berkovitch ha calcolato che

---

28. G. Sermonti, *Introduzione,* in M. Behe, *op. cit.,* pag. 8.

29. D. Bui e S. Leoni, *Mente, Cervello e Coscienza. Il vicolo cieco del materialismo nel pensiero di Sir John Eccles*, Mattioli 1885, Fidenza 2006, pag. 135 e 137.

per produrre e immagazzinare le esperienze di una vita, il cervello dovrebbe eseguire 10^{23} operazioni al secondo. Il neurobiologo olandese Herms Romijn ha dimostrato che questo sarebbe impossibile anche se ne fossero coinvolti tutti i 100 miliardi di neuroni del cervello – e non è così: ci sono soltanto 20 miliardi di neuroni nella corteccia cerebrale, e molti di essi non hanno alcuna funzione cerebrale evidente. Questo però non è un problema, poiché la memoria di lungo termine non è immagazzinata *all'interno* del cervello; è *extra-somatica*. Le informazioni relative all'esperienza di una vita non si trovano all'interno della corteccia cerebrale, ma in un campo olografico che impregna di sé il cervello e il corpo. [30]

Una coscienza non-materiale non è più metafisica ma fisica quantistica; la coscienza può essere intesa come unità di un campo energetico che si manifesta attraverso il cervello:

Gli ultimissimi studi hanno visto un enorme proliferare di nuove ipotesi sull'interconnessione tra fisica quantistica, coscienza e volontà. Una delle voci più autorevoli in questo ambito è quella del fisico tedesco Hans-Peter Dürr, la cui visione del mondo, segnata dal riconoscimento che la fisica quantistica non permette un vero determinismo in una realtà che perde la propria unicità ontologica, è accostabile per certi aspetti al panpsichismo. [...] Un altro punto di vista è quello di Penrose che identifica nei microtuboli (particolari strutture proteiche cellulari) il luogo in cui si realizzano effetti quantistici coerenti.[31]

In base a queste proposte scientifiche come può una biologia materialistica ancora sussistere? Se ciò accade è solo a causa di un pregiudizio ideologico, a causa di un paradigma che deve essere difeso ad ogni costo. In questo modo, però, la

30. E. Laszlo, *Risacralizzare il cosmo,* Urra edizioni, Milano 2008, pag. 67.

31. D. Bui e S. Leoni, *Mente, Cervello e Coscienza. Il vicolo cieco del materialismo nel pensiero di Sir John Eccles*, *op. cit.*, pag. 166.

conoscenza scientifica è notevolmente ostacolata.[32] Ammettendo una coscienza non-materiale l'origine stessa della vita e il suo significato verrebbero a porsi non più come un qualcosa di casuale, ma come dimensione primaria della realtà. È la coscienza che genera la vita, la plasma, la dirige. Quando la coscienza lascia l'organismo esso muore. L'intero cosmo è un'avventura della coscienza. Come affermava Sir John Eccles: "Ogni Sé è una creazione divina"[33]. Perché ciò non dovrebbe valere per *tutte le entità viventi, dal batterio all'uomo?* Nella tradizione vedica l''anima'(coscienza) non viene riconosciuta solo all'uomo (come accade nelle teologie delle religioni dogmatiche) ma ad ogni entità vivente…

---

32. Gli studi e la documentazione del prof. Ian Stevenson vengono del tutto rifiutate a-priori, poiché questo scienziato si è permesso di studiare tutti i casi presenti al mondo dei bambini che hanno ricordi di altre esistenze. Egli ha riscontrato una conferma oggettiva di tali ricordi e i segni somatici che questi bambini presentavano corrispondevano alle ferite legate alla morte della 'precedente' vita, poiché Stevenson ha verificato l'esistenza *reale* delle personalità che i bambini dicevano di essere stati, analizzando le cartelle cliniche di quelle stesse personalità passate. Questa documentazione andrebbe ad avvalorare il paradigma di un "Io cosciente" in grado di sopravvivere alla morte del corpo. Per approfondire questo studio psichiatrico trentennale Cfr. I. Stevenson, *Where Reincarnation and Biology Intersect,* Armenia, Milano 1999.

33. Cit. in P. Davies, *Dio e la nuova fisica,* Mondadori, Milano 1994, pag. 127.

CAPITOLO 3
IDEOLOGIA O FATTI?

> … una transizione da una specie ad un'altra non è mai stata osservata.[34]
>
> Antonio Zichichi

> … non vi è nessuna prova inconfutabile di un processo evolutivo.[35]
>
> Cavalli Sforza, genetista-evoluzionista

Se la teoria evoluzionistica non è stata *mai* realmente dimostrata, perché da milioni di persone essa è vista come una verità scientifica assodata? Di certo l'istruzione scolastica e la divulgazione hanno un peso notevole nella costruzione sociale di questa *credenza.* Cosa accadrebbe se il mondo scientifico dicesse all'unanimità: *Abbiamo forzato la cosa, ci è sfuggita di mano, l'evoluzionismo in realtà è una teoria che non regge, fa acqua da tutte le parti*? L'umanità avrebbe ancora fiducia nella scienza empirica? Si fiderebbe ancora, come fa da alcuni secoli, della comunità scientifica? Forse no. Il fatto è che da un punto di vista storico e sociologico la cosiddetta "scienza" è il prodotto di un paradigma ben preciso e recente: il Positivismo. Lo stesso Darwin è figlio di quel clima culturale e scientifico, infatti: "Fino all'epoca di Darwin la tesi secondo la quale il mondo era stato

---

34. Cit. in G. Lo Presti, *Evoluzionismo a confronto,* Bonanno editore, Roma 2012, pag. 8.

35. *Ivi.,* pag. 7.

progettato era la norma, sia nella filosofia che nella scienza."[36] Né Galileo Galilei, né Newton, né Voltaire si sognavano di sostenere un mondo della vita così complesso e ordinato come frutto di un caso...del resto, come disse Mark Twain: " Mi piace la parola *caso* anche se non ha nessun senso".[37] Certo, nel '700 vi erano filosofi come La Mettrie e d'Holbach, atei e materialisti convinti, ma per loro era molto difficile sostenere scientificamente *l'ideologia del caso.* Fu il secolo successivo a vincere la battaglia ideologica con forza e lo scopo era *sbarazzarsi in modo definitivo di ogni Teologia...* Merleau-Ponty notava acutamente: "Al tempo di Comte la scienza si apprestava a *dominare* teoricamente e praticamente l'esistenza. Si trattasse dell'azione tecnica o dell'azione politica, si credeva di accedere alle leggi secondo le quali *sono fatte* la natura e la società, e di governarle seguendone i principi.
È invece accaduto qualcosa di molto diverso, quasi l'opposto: nella scienza, la ragione e l'efficacia non hanno progredito insieme, mentre applicazioni che sconvolgono il mondo sono nate da una scienza altamente speculativa, sul cui significato ultimo esistono giudizi contrastanti".[38]
La filosofia positivista era convinta che il metodo scientifico potesse inglobare e sostituire ogni altra disciplina del sapere, ma le cose non sono andate esattamente così, poiché le scoperte della fisica non solo hanno messo in crisi gli scienziati stessi, ma hanno creato dei problemi etici che nessuna psicologia o sociologia si sogna di poter risolvere... Eppure l'*atteggiamento positivista* persiste, proprio come la fede in un dogma che ogni evidenza ha confutato. Il fatto è che lo scienziato ha bisogno di una *propria fede, e se non la trova in altri ambiti è il metodo scientifico a diventare la sua fede cieca.* Ma se tale metodo è viziato dall'ideologia materialistica e atea allora la ricerca della verità subisce un grave arresto. Questo problema non

36. M. Behe, *op. cit.,* pag. 271.

37. M. Twain, *L'umorismo è la nostra salvezza,* Mattioli 1885, Fidenza 2010, pag. 31.

38. M. Merleau-Ponty, *Segni,* Net, Milano 2003, pag. 252.

è presente solo nella biologia ma anche nella cosmologia. La maggior parte degli scienziati cerca di eliminare la possibilità di una intelligenza suprema ad ogni costo… Risultato? La realtà appare inspiegabile: "Di fronte all'enorme complessità che la moderna biochimica ha scoperto all'interno della cellula, la comunità scientifica è paralizzata. Nessun membro della Harvard University, nessun membro dell'Istituto sanitario Nazionale, nessun membro dell'Accademia Nazionale delle Scienze, nessun vincitore del Premio Nobel - nessuno è in grado di fornire un resoconto del modo in cui il ciglio, la vista, la coagulazione del sangue, o un altro processo biochimico complesso, abbia potuto svilupparsi in maniera darwiniana".[39]

Forse è a causa di questo colossale fallimento dell'evoluzionismo neo-darwinista che filosofi atei diventano teisti, come nel caso emblematico di Antony Flew, il quale scrisse: "Molto importante è il fatto che queste istruzioni genetiche non sono il tipo d'informazione che si trova nella termodinamica e nella meccanica statistica; costituiscono, piuttosto, l'informazione semantica. In altre parole, hanno un significato specifico. Queste istruzioni possono essere effettive solo in un ambiente molecolare in grado d'interpretare il significato nel codice genetico. [...] L'unica spiegazione soddisfacente dell'origine della vita così, ossia «orientata verso un fine e auto-replicante» come la vediamo sulla terra è una Mente infinitamente intelligente".[40]

Il "voltafaccia" di Flew è stato un vero trauma per gli atei dell'*intelligentia* britannica e, come in tutte le battaglie ideologiche, il linciaggio culturale non è mancato; hanno cercato di demolire le sue argomentazioni dicendo che il filosofo era ormai vittima della demenza senile… Peccato però che uno dei massimi filosofi americani, Thomas Nagel, di recente abbia scritto un libro dove il materialismo neo-darwiniano viene duramente attaccato: "Più aumentano i dettagli che abbiamo sulle basi chimiche della vita e le complessità del codice genetico, più

---

39. M. Behe, *op. cit.,* pag. 243.

40. A. Flew, *Dio esiste. Come l'ateo più famoso del mondo ha cambiato idea,* Alfa e Omega, Caltanissetta 2010, pag. 134 e 136.

difficile da credere diventa il tradizionale approccio che spiega la nascita della mente come un fatto storico [evolutivo]. [...] ...l'alternativa di una spiegazione che si rifà alle azioni di un grande disegnatore, i problemi che questi iconoclasti pongono per il consenso scientifico ortodosso dovrebbero essere presi seriamente... [...] Non si meritano il disprezzo con il quale vengono, di solito, accolti. È chiaramente ingiusto."[41] Nagel riconosce, alla luce degli studi scientifici, l'insostenibilità di un approccio meccanico alla vita, senza un progetto, senza un 'disegnatore'.
Possibile che questi filosofi manifestino ogni volta i segni della demenza senile attaccando la concezione neo-darwiniana della natura? Strano. Eppure Nagel è dichiaratamente ateo... Forse ha solo l'onestà intellettuale che manca a molti scienziati. La resistenza a queste critiche appare chiara una volta compresa l'ideologia che la comunità scientifica "ufficiale" deve difendere. Un bellissimo documentario[42] americano illustra in modo ironico la situazione culturale delle varie università: ogni docente che si *permette* di criticare l'evoluzionismo come dogma e che tenta di *accennare* ad un disegno intelligente viene espulso o perseguitato...

È successo a Richard Sternberg, per aver autorizzato la pubblicazione di un articolo di Stephen Meyer presso la rivista della Società Biologica di Washington:

Nel 2004 la pubblicazione dell'artcolo di Meyer mandò in frantumi la regola, e allarmò i darwinisti dello Smithsonian Institute, con il quale la Società Biologica di Washington è più o meno affiliata. I darwinisti smithsoniani fecero squadra con il militante pro-Darwin Centro Nazionale per l'Educazione Scientifica, allo scopo di limitare i danni alla loro causa. I membri dllo staff del Centro Nazionale per l'Educazione Scientifica inviarono lunghe e dettagliate e-mail agli alti funzionari dello Smithsonian in cui attaccavano l'articolo di Meyer.

---

41. T. Nagel, *Mind and Cosmos. Why the Materialist Neo-Darwinian Conception of Nature Is Almost Certainly False,* Oxford University Press, 2012.

42. *Expelled: No Intelligence Allowed,* regia di Nathan Frankowski, 2008.

Dopodichè il Centro Nazionale per l'Educazione Scientifica sviluppò una strategia di diffamazione a stretto contatto con i dipendenti dello Smithsonian per punire Sternberg...[43]

Questa persecuzione avvenne perché l'articolo di Meyer, con puntigliosa documentazione scientifica, proponeva *l'intelligent design* nell'ambito della biologia! Una simile reazione denota il terrore degli evoluzionisti e la loro incapacità di dialogo, anche perché alcuni studiosi arrivano a riconoscere, onestamente: "... non sappiamo quale sia il meccanismo dell'evoluzione. Per quel che possiamo capire, nessuno sa esattamente come evolvono i fenotipi.
Noi pensiamo che, molto probabilmente, evolvono in molti modi diversi; forse ci sono tanti tipi di percorsi causali...".[44]
Ma non tutti gli evoluzionisti hanno questa onestà... del resto che figura ci farebbero? Una scienza fatta di "non sappiamo" o di "forse ci sono" non va da nessuna parte. Non è scienza ma pregiudizio. Il problema è che tale ignoranza viene spacciata per conoscenza, per verità indiscutibile. Nessuno può permettersi, pena l'ostracismo, di dire che tale teoria non è scientifica ma ideologica... Il dogma evoluzionistico è così radicato nell'insegnamento scientifico scolastico che attaccarlo diventa un'impresa pericolosa, come fu pericoloso per Galileo Galilei attaccare il millenario dogma geocentrico.
Rivelare alla società la totale fragilità dell'evoluzionismo significa porre se stessi al di fuori della comunità scientifica: "Nella grande maggioranza di scienziati che accettano il darwinismo, ce ne sono moltissimi (sebbene non tutti) che lo fanno basandosi sull'autorità comunemente accettata. Inoltre, sfortunatamente, troppo spesso la comunità scientifica ha liquidato le critiche per paura di fornire munizioni ai creazionisti. È paradossale il fatto che, per proteggere la scienza, si sia ignorata anche la critica più acuta alla selezione naturale".[45] La scienza empirica non può

43. J. Wells, *Le balle di Darwin,* Rubbettino, Catanzaro 2009, pp. 132-133.

44. M. P. Palmarini e J. Fodor, *op. cit.,* pag. 202.

45. M. Behe, *op. cit.,* pp. 61-62.

basarsi su una teoria dogmatica, su una visione della natura solo per escludere il divino e difendersi dalle religioni… Eppure tutto ciò va avanti da più di un secolo. Vediamo ora cosa dicono gli scienziati 'dissidenti'… La loro voce diventa sempre più forte e seguita in tutto il mondo.[46]

46. In ogni parte del mondo il dibattito sull'evoluzionismo e sulle sue pretese scientifiche va aumentando. Molte persone si rendono conto delle incongruenze di questa teoria e della sua dogmaticità; ed aumenta il numero degli scienziati che ha il coraggio di denunciare tale ideologia. In Russia, nel 2007, una studentessa ha preteso l'adozione di un testo di biologia che rendesse giustizia alla proposta del disegno intelligente e che mostrasse tutta la fallacia dell'evoluzionismo; tale manuale esiste ed è stato scritto da accademici come Y. P. Altuhov e S. Y. Vertjanov. Simili dibattiti sono in atto in Canada, Australia, Germania, Olanda…Nonostante le forti resistenze delle lobby del neo-darwinismo, l'onestà intellettuale non può essere fermata. In Italia c'è ancora molto lavoro da fare…

CAPITOLO 4
COSA DICONO I BIOLOGI

La scatola nera della cellula è stata aperta, e il mondo infinitesimale che ne è venuto fuori deve essere spiegato. [...] Di fronte all'enorme complessità del trasporto vescicolare la teoria darwiniana è muta.[47]

Micheal Behe

La microevoluzione non va oltre i confini della specie, e i tipici prodotti della microevoluzione, le razze geografiche, non sono specie incipienti.[48]

R. Goldschmidt

Abbiamo visto quali aspetti avrebbero fatto crollare, secondo lo stesso Darwin, la teoria dell'evoluzione degli organismi. Oggi la biologia molecolare ha trovato questi aspetti? Secondo il biochimico Micheal Behe la risposta è affermativa:

Riassumendo, quando i biochimici hanno cominciato ad esaminare strutture apparentemente semplici, come le ciglia e i flagelli, hanno scoperto una complessità sbalorditiva, con dozzine o persino centinaia di parti con caratteristiche e compiti molto specifici. [...] Le nuove ricerche sul ruolo delle proteine ausiliarie non possono semplificare il sistema irriducibilmente complesso; l'intransigenza del problema non

47. M. Behe, *op. cit.,* pag. 52 e 160.

48. Cit. in J. Wells, *op. cit.,* pag. 67.

può essere alleviata: può solo peggiorare. La teoria darwiniana non ha fornito alcuna spiegazione valida, né per il ciglio, né per il flagello, e la travolgente complessità dei sistemi natatori ci spinge a pensare che non sarà mai in grado di farlo.[49]

In sostanza gli ultimi studi biochimici hanno mostrato delle strutture di straordinaria complessità, e tale complessità, per Behe e per molti altri scienziati, non è spiegabile con il neo-darwinismo. Simili strutture sono state progettate e non possono essere il risultato di variazioni casuali e meccaniche… Nessuno si sogna di affermare che un microchip sia sorto nel corso di milioni di anni, casualmente, attraverso leggi meccaniche di selezione e di mutazione, eppure quando una complessità strutturale superiore appare nel campo della vita l'evidente progettazione viene respinta… l'ideologia di certi scienziati è del tutto evidente. Così Behe descrive la complessità della coagulazione del sangue:

L'indagine biochimica ha dimostrato che la coagulazione del sangue è un sistema molto complesso e intricato, composto da moltissimi elementi proteici. L'assenza, o un significativo difetto in uno qualunque dei moltissimi componenti, fa crollare tutto il sistema: il sangue non si coagula al momento giusto, o nel punto giusto. […] Il plasminogeno appare ad uno stadio, ma il suo attivatore (TPA) non appare fino a due stadi dopo. […] …se una proteina comparisse ad uno stadio, senza niente da fare, allora la mutazione e la selezione naturale *tenderebbero ad eliminarla.* […] In realtà, il meccanismo di selezione naturale di Darwin bloccherebbe la formazione di sistemi irriducibilmente complessi, come la cascata di coagulazione. […] … l'articolo [degli evoluzionisti] non spiega in che modo la coagulazione potrebbe aver avuto origine, e successivamente essersi evoluta; racconta una storia. Il fatto è che *nessuno sulla faccia della Terra ha la più pallida idea di come si sia formata la cascata di coagulazione.*[50]

---

49. *Ivi.*, pag. 110.

50. *Ivi.*, pag. 115, 136 e 137.

In definitiva, se la visione evoluzionistica fosse vera saremmo già morti da molto tempo...Un sistema complesso come quello della coagulazione del sangue è progettato proprio ai fini della vita, come un paracadute è *progettato* per salvare la vita di chi sta cadendo da un aereo... Solo un folle affermerebbe che i singoli pezzi del paracadute di sono assemblati un po' alla volta, per tentativi, per caso... senza uno scopo finale. Eppure quando la coagulazione del sangue appare in tutta la propria, incredibile, complessità e finalità, l'evoluzionista tace. Se parlasse dovrebbe cessare d'essere un evoluzionista e riconoscere un *progettista.* Chiamare poi tale progettista "Dio", "Logos cosmico", "Madre Natura" o tirare in ballo gli extraterrestri, bè, questo riguarda la tradizione culturale e la soggettività psicologica del singolo; ma l'onestà intellettuale di uno scienziato dovrebbe almeno riconoscere che "la cellula funziona grazie a delle macchine - letteralmente, delle macchine molecolari"[51] e nessuna macchina sorge senza un progettista, senza uno scopo.
Affermarlo va contro ogni logica... Il mondo della vita è pieno di macchine complesse e la struttura della coagulazione del sangue è solo uno dei tanti esempi possibili. Behe cita il ciglio[52]

51. *Ivi.,* pag. 85.

52. Alle obiezioni ricevute da Ken Miller, Behe ha risposto nell'articolo: M. J. Behe, *A True Acid Test: Response to Ken Miller,* Discovery Insitute, 2000. Come nota Wells: "Per quanto riguarda l'affermazione di Miller secondo cui il sistema di secrezione di tipo III era stato probabilmente 'cooptato' dall'evoluzione darwiniana per produrre il flagello, il microbiologo dell'università dell'Idaho, scott Minnich, non si trova d'accordo. Minnich è un esperto dei batteri della peste (che usano il sistema di secrezione di tipo III per attaccare le loro vittime), e nel 2004 ha trascorso cinque mesi come volontario in Iraq insieme a una squadra di élite alla ricerca di armi biologiche. Mentre si trovava in Iraq ha contribuito, insieme a S. C. Meyer, ad un saggio per una conferenza internazionale sulla biologia in Grecia, nel quale faceva notare che il motore flagellare consiste di parecchie dozzine di proteine che non sono presenti nel sistema di secrezione di tipo III ma sono «uniche di questo motore, e non sono state trovate in altri sistemi viventi». Gli autori si chiedono: «Da dove, allora, sono state cooptate queste proteine?»." [J. Wells, *op. cit.,* pag. 147] Da parte dei darwinisti assoluto silenzio; sono domande troppo scomode...

di alcune cellule:

Alcune cellule nuotano usando un ciglio. Un ciglio è una struttura che, per dirla in maniera grossolana, assomiglia a un capello e batte come una frusta. [...] Lo spermatozoo, ad esempio, usa il suo ciglio per nuotare. [...] La complessità del ciglio, e di altri sistemi natatori, è *intrinseca al compito stesso.* [...] La domanda è: da dove viene fuori il ciglio? [...] Alcuni biologi evoluzionisti - come Richard Dawkins - sono dotati di una fertile immaginazione.
Dato un determinato punto di partenza riescono praticamente sempre a imbastire una storia per giungere a qualunque struttura biologica desideriate.
Si tratta di un notevole talento, senza dubbio, ma anche di un'arma a doppio taglio. Sebbene riescano a pensare a possibili percorsi evolutivi che altri ignorano, infatti, tendono anche ad ignorare dettagli ed ostacoli in grado di intaccare lo scenario da loro delineato. La scienza, però, non può permettersi di ignorare dei dettagli rilevanti e, a livello molecolare, tutti i 'dettagli' diventano fondamentali. [...] Dal momento che il ciglio è irriducibilmente complesso, non esiste alcun percorso diretto e graduale che possa produrlo.[53]

Qui si tocca un punto essenziale degli evoluzionisti: essi raccontano una *storia,* ma non la dimostrano in alcun modo scientifico. Vedremo meglio questo talento mitologico analizzando la costruzione della favolosa storia evolutiva dei fossili animali. Intanto vediamo cosa non torna nel *mito* del ciglio:

La proteina mutata che si attaccasse accidentalmente ai microtubuli, bloccherebbe la loro funzione di 'autostrade' per il trasporto. Una proteina che legasse insieme dei microtubuli in maniera casuale, finirebbe per distruggere la forma della cellula... [...] Sarebbero centinaia le difficoltà da superare, prima che un ciglio in fase di evoluzione potesse rappresentare un miglioramento per la cellula.[54]

---

53. *Ivi.*, pag. 93 e 101.

54. *Ivi.*, pag. 103.

Il ciglio non si forma casualmente e gradualmente, esso è progettato *per la cellula.* Pur di non riconoscere questa *logica* possibilità gli evoluzionisti... scrivono solo due articoli e, per di più, in contrasto fra loro:

> Negli ultimi decenni sono probabilmente circa diecimila gli articoli pubblicati che hanno a che fare con le ciglia. [...] Negli ultimi vent'anni, invece, solo due articoli hanno cercato di suggerire un modello di evoluzione del ciglio che tenga conto di concrete considerazioni meccaniche. Ciò che è peggio, è che questi due articoli non concordano affatto...[55]

Da un punto di vista della sociologia della scienza questo caso del ciglio evidenzia come la teoria dell'evoluzione sia un pregiudizio che il fenomeno studiato deve, ad ogni costo, appoggiare. Ma persino i due articoli sono in contrasto fra loro e alla fine:

> Margulis e Cavalier-Smith si sono scontrati per iscritto, negli ultimi anni. Entrambi mettono in evidenza gli enormi problemi che scaturiscono dal modello dell'altro ed entrambi hanno ragione. [...] La quantità di ricerca scientifica che si è fatta e si fa sul ciglio [...] porta molte persone a dare per scontato che, anche se loro stessi non sanno in che modo si è evoluto, *qualcuno* deve saperlo. Ma una ricerca nella letteratura scientifica dimostra che hanno torto. Nessuno lo sa.[56]

In modo piuttosto ironico, alla fine, sono proprio gli evoluzionisti i migliori demolitori dell'evoluzionismo, con i loro cantastorie, con i loro modelli surreali in contrasto perenne...Un genio universale come Leonardo da Vinci, il primo ad inventare il preparato anatomico e a studiare gli organi nella loro complessità, scrisse: "[il cuore] instrumento mirabile, invenzionato dal Sommo Maestro."[57] Era dunque un fanatico

55. *Ivi.,* pag. 104.

56. *Ivi.*, pag. 106.

57. Leonardo da Vinci, *Scritti,* Rusconi, Rimini 2009, pag. 477.

creazionista? No. Era un fervente cristiano? Neanche. Era un uomo di scienza, anticipatore delle leggi del moto scoperte poi da Galileo e da Newton. Aveva gli occhi e la mente liberi da ideologie materialistiche e *riconosceva* l'intelligenza del Sommo Maestro, il progettista degli esseri viventi. Fortunatamente oggi vi sono molti scienziati che hanno lo sguardo limpido di Leonardo, ma rischiano l'ostracismo da parte di una comunità che è più ideologica che scientifica.

La stessa parola *biologia* significa *logos della vita, intelligenza della vita*; coloro che negano intelligenza alla vita e alla strutturazione della natura dovrebbero avere l'onestà di usare un altro termine… Quello che gli evoluzionisti propongono non è più biologia ma bio-*nonsense.*

Anche coloro che credono nella teoria evoluzionista dubitano di fronte ai *fasmidi:* "Gli insetti-foglia erano incredibilmente simili a foglie di latifoglie.
Presentavano addirittura una serie di segni che richiamavano le nervature fogliari e altri che parevano di seccume… […] … in una bacheca più piccola, incollate su uno sfondo bianco, erano appoggiate delle piccole formazioni, dalla superficie rugosa e irregolare, che sembravano semi di piante erbacee – ma un cartellino attaccato su di essa avvertiva che si trattava di uova di *fasmidi*... […] Conoscevo già le principali teorie evoluzionistiche (di Lamarck, fallace, Darwin, Spencer ed altri) ma nessuna di esse riusciva a fornirmi una spiegazione convincente della forma di quei particolarissimi insetti e delle loro uova."[58] Persino le uova di questi insetti sono mimetici e sembrano dei semi… Ma una simile *capacità mimetica è del tutto inspiegabile senza un progetto...*

Nessuno riesce a 'creare' la vita in laboratorio… se si trattasse solo di un assembramento biochimico che problema ci sarebbe? Eppure in laboratorio, con le tecnologie più avanzate, riescono solo *a modificare forme di vita preesistenti.*
Nel 2010 Craig Venter sostituì il DNA di un microrganismo,

---

58. P. De Rosa, *E se Darwin si fosse sbagliato?...*, Youcanprint, 2012, pag. 13.

il Mycoplasma, con un DNA ricostruito chimicamente secondo precise esigenze. La stampa in tutto il mondo proclamò: "Creata la vita in laboratorio!". Nulla di più falso, poiché l'esperimento è stato effettuato su un organismo già vivente. Venter lo ha solo modificato. Ma la stampa ignora l'onestà intellettuale e contribuisce a rafforzare una precisa ideologia materialista... La vita, come disse un saggio indiano, viene dalla vita. Si può anche dire: l'*informazione biologica viene da una intelligenza*, infatti:

> Dovunque guardino i biologi, c'è solo complessità dopo complessità, un intreccio di cose che si ramificano secondo uno schema discendente, dall'organismo alla cellula. In un'immagine sapientemente elaborata, il biologo australiano Michael Denton paragona una singola cellula ad un enorme stabilimento automatizzato delle dimensioni di una grande città... [...] Non sapendo definire *cosa* l'evoluzione abbia raggiunto, i biologi ora si scoprono incapaci di dire *se* l'evoluzione l'abbia raggiunto. Il che lascia la teoria evolutiva nella posizione doppiamente dannata di aver compromesso i principi necessari a dare un senso alla vita...[59]

Ma questo è inevitabile. È il prezzo che i biologi pagano per aderire ad una ideologia fasulla. Negare a-priori un *progetto* nella vita impedirà per sempre a questi biologi di dare qualsiasi *senso* alla vita. Una volta eliminata *l'intelligenza* dalla natura e dal cosmo è impossibile reintrodurla. Così la scienza materialista si trova a girare all'interno di una città complessa, la città della vita, senza comprenderne la storia; e lo stesso Kauffman riconosce: "...arrivo a pensare che abbiamo bisogno sia della scienza sia della storia per dare un senso a un universo..."[60] Il problema, caro Kauffman, è che il mito dell'evoluzionismo impedisce all'umanità di accedere alla propria storia, ben tracciata nei *Purāna,* dove scienza e storia confluiscono in una visione che dà pieno significato non solo al nostro universo,

---

59. AA. VV., *Voci fuori dal coro, op. cit.,* pag. 395 e 409,

60. S. Kauffman, *op. cit.,* pag. 156.

ma ad infiniti universi... Certo, per avvicinarsi alla lettura di questi antichissimi testi (ricchi di conoscenze scientifiche avanzate) occorre abbandonare le idee assurde di casualità, di auto-organizzazione; del resto l'evoluzionista stesso è frustrato: "Potremmo noi concepire dei modi per capire perché l'universo è complesso? Forse, ma solo forse".[61] E se si accettasse, invece, la possibilità logica di una intelligenza alla base dell'universo? Allora la risposta diventa: Sì, certamente sì.

61. *Ivi.*, pag. 339.

CAPITOLO 5

COSA DICONO I PALEONTOLOGI

> Non meraviglia che i paleontologi abbiano evitato l'evoluzione per tanto tempo. Sembrava che non si realizzasse mai. [...] Quando poi si è realmente di fronte all'introduzione di una novità evolutiva, di solito questa si manifesta all'improvviso... [...] Non è possibile che l'evoluzione si realizzi sempre da qualche altra parte![62]
>
> Niles Eldredge

Se gli esseri viventi si fossero evoluti da una specie ad un'altra dovrebbero esserci innumerevoli prove fossili di questi mutamenti, delle cosiddette "forme di transizione". Ma la Paleontologia non ci mostra nulla di tutto questo. Come nota ironicamente Sermonti: "E poi, qualcuno ha visto la quasi-rondine o qualche paleontologo ce ne ha offerto il fossile? Questo non è mai accaduto, come mai è stato scoperto il mezzo pipistrello o la balena *in pectore.* Quando appaiono, tra i reperti fossili, rondini, pipistrelli e balene sono già completamente conformati e prima di loro non c'è nessuno che li annunci o tenti di avvicinarvisi."[63] In base a tale stato di fatto la teoria evolutiva sarebbe dovuta già sparire; i fossili non raccontano una storia evolutiva delle specie ma la loro *improvvisa apparizione*. Molti scienziati evoluzionisti lo sanno bene e cercano disperatamente di proporre la teoria del *salto evolutivo*... Anche se in molti manuali scolastici vengono ancora proposti fossili che *non sono*

---

62. N. Eldredge, *Ripensare Darwin,* Einaudi, Torino 1999, pag. 96.

63. G. Sermonti, *op. cit.,* pp. 45-46.

forme di transizione a sostegno della teoria evolutiva: "… hanno cercato di trasformare l'*archeopteryx* in un dinosauro piumato che cammina. Ma non lo è. È un uccello." [J. Alan Feduccia, 1979, *Flight capability and the pectoral girdle of Archeopteryx, Nature* 278] Non solo non vi è alcuna prova fossile di transizione tra i rettili e gli uccelli, ma negli uccelli stessi non esiste alcuna prova di una graduale manifestazione delle ali, in particolare le ali degli insetti "sono una novità evolutiva significativa, la cui origine non è registrata nella documentazione fossile. Insetti con ali pienamente sviluppate, capaci di volare, compaiono nella documentazione fossile nel Carbonifero superiore (ca. 320 milioni di anni fa)… […]… non sono mai stati identificati fossili che presentino stadi intermedi nell'evoluzione delle ali (Yang, 2001)."[64] È legittimo chiedersi allora: se non vi è alcuna prova di fossili intermedi dello sviluppo dell'ala e se gli uccelli *appaiono con le ali perfettamente formate,* perché parlare ancora di *evoluzione?* Non sarebbe più corretto parlare di *progettazione*? Del resto l'ala è una straordinaria struttura aerodinamica, che ha un senso nella sua interezza, proprio in vista del volo… Che senso avrebbe una semi-ala, una appendice d'ala? Nessuno. Vediamo meglio la questione dei fossili. Il Paleontologo Roberto Fondi scrive:

> Il fatto veramente importante, però, è un altro. *Queste scoperte rare, dubbie e disperse qua e là su tutta la superficie del globo, non possono costituire la documentazione mancante di cui l'ipotesi evoluzionista ha assoluto bisogno per rendere conto dell'improvviso apparire della fauna cambriana.* Come riconosce George Gaylord Simpson: «I fossili Pre-Cambriani sono ampiamente dispersi nello spazio e nel tempo e non costituiscono una documentazione continua o anche, soltanto particolarmente illuminante… È estremamente improbabile che i molti megafossili dell'inizio del Cambiano avessero, nel tardo Pre-Cambriano, soltanto progenitori essenzialmente microscopici.»[65]

---

64. M. Piattelli Palmarini e J. Fodor, *Gli errori di Darwin, op. cit.,* pag. 104.

65. G. Sermonti e R. Fondi, *op. cit.,* pp. 200-201.

In sostanza nel Cambriano la vita di organismi animali è *apparsa.* Non vi è alcuna documentazione fossile precedente di forme inferiori: si salta dall'organismo microscopico alla stella di mare… nessun evoluzionista ha mai saputo rendere conto di queste "esplosioni di vita". Gould e altri hanno abbandonato il gradualismo tentando di proporre del "salti" evolutivi, ma è una tesi sostenibile? Gli studiosi affermano: "Lungo periodi piuttosto brevi in termini geologici, appare improvvisamente e (come dicono i paleontologi) 'esplosivamente' una grande varietà di nuove forme di vita.
Questo sembra sia accaduto almeno due volte nel passato remoto e almeno una volta più recentemente. […] Possiamo riassumere dicendo che le esplosioni morfologiche possono essere il riflesso di grandi cambiamenti nei vincoli interni in quanto componenti cruciali della speciazione. […] Una spiegazione assai diversa da quella della selezione graduale di piccole variazioni casuali"[66]
Spiegazione? Dire che le esplosioni "possono essere il riflesso di grandi cambiamenti nei vincoli interni in quanto componenti cruciali della speciazione" sarebbe una spiegazione? Invece di riconoscere, onestamente, di *non saper spiegare le esplosioni di vita documentate dalla Paleontologia,* gli evoluzionisti preferiscono arrampicarsi sugli specchi. È come se dicessero: "Sì, sì, la vita è passata da organismi microscopici a organismi macroscopici, è stato un grande cambiamento, ma non sappiamo spiegarlo esattamente. Fidatevi. È stato un grande cambiamento evolutivo! Una cellula, puf!, è diventata una stella marina!". È davvero incredibile.
Non è ragionevole, invece, riconoscere che una simile esplosione è l'effetto di un intervento di ingegneria bio-genetica? Al lettore l'ardua sentenza… In base alla Paleontologia l'evoluzionismo, secondo le stesse ammissioni di Darwin, da tempo avrebbe dovuto lasciare la scena delle ipotesi scientifiche, ma per una *scelta ideologica, per un paradigma che esclude a priori la possibilità di un intervento intelligente,* tale uscita di scena è sempre rimandata: "… contrariamente a quanto si sente

66. M. Piattelli Palmarini e J. Fodor, *op. cit.,* pag. 61, 62 e 63.

affermare spesso, cioè che il neo-darwinismo sia l'unica teoria possibile, esistono, di fatto, alternative plausibili.
Nessuno sa esattamente come funzioni l'evoluzione, perciò anche gli internalisti qualche volta si limitano a raccontare storie 'proprio così'."[67] Come possono esserci alternative plausibili se "nessuno sa esattamente come funzioni l'evoluzione"? Gli studiosi stessi ammettono di "raccontare delle storie". Una di queste favole consiste nel dire che una cellula ha fatto un salto evolutivo diventando un organismo macroscopico, visibile, ma NESSUNO HA PROVE REALI DI QUESTO SALTO...che diventa così puro Mito.

Roberto Fondi nota acutamente:

Sugli evoluzionisti grava dunque il compito - veramente insostenibile - di colmare l'abisso esistente tra forme di vita così semplici come i Batterii e le Alghe unicellulari pre-paleozoici e la sorprendentemente complessa ed eterogenea fauna a Metazoi del Cambriano. L'abisso non è soltanto astronomico, ma addirittura *galattico.* Mentre Darwin, a questo proposito, confessava tutta la sua impotenza, i suoi epigoni hanno cercato di abbozzare dei tentativi di spiegazione, soprattutto per non restare muti davanti al grosso pubblico e salvare, così, almeno la facciata del grande edificio evoluzionistico. Però nessuna di tali spiegazioni è in grado di poter resistere ad una critica approfondita.[68]

Vediamo come crollano questi "tentativi" di spiegazioni... Alcuni studiosi affermano che i fossili "intermedi" sono andati distrutti. Così risponde Fondi:

Formazioni come le Arenarie di Torridon in Scozia, i *Green Shales* nella Bretagna, le serie calcaree Beltiana e Huroniana nel Nord america e quella di Cuddapah in India, per esempio, hanno spessori talvolta enormi e risultano perfettamente analoghe - salvo per la mancanza di

---

67. *Ivi.,* pag. 63. in nota (corsivo mio).

68. G. Sermonti e R. Fondi, *op. cit.,* pag. 201.

fossili - alle formazioni sedimentarie paleozoiche e post-paleozoiche.[69]

In sostanza gli strati che raccontano la verità dell'esplosione di vita ci sono e sono integri. Ma questo gli evoluzionisti lo sanno bene. Tutti i tentativi di far credere ad una "sparizione" dei fossili intermedi oggi non è più accettata, neppure dagli stessi evoluzionisti. Ecco perché essi balbettano pseudo-teorie che non stanno né in cielo né in terra... il fatto è che "non possono restare muti di fronte al grosso pubblico".

Fin da bambini ci mostrano queste immagini per raccontarci una favola che loro stessi non sono in grado di documentare e spiegare:

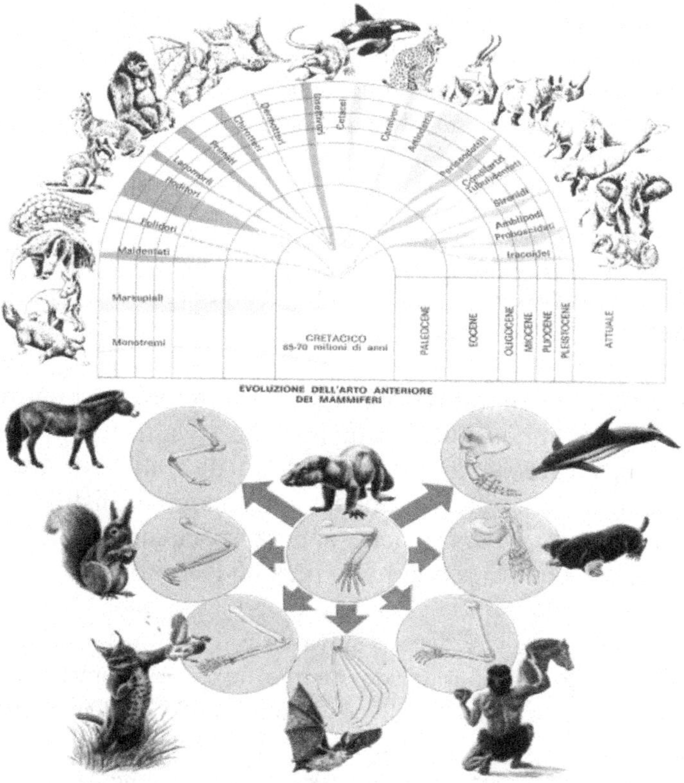

69. *Ivi.*, pag. 202.

Queste immagini non *provano alcuna evoluzione, semplicemente la affermano.* I manuali, candidamente, dicono: "Ignoriamo l'aspetto dei primi mammiferi" eppure non esitano, grazie alla *fede* nell'evoluzione, a stampare immagini fantasiose da cui deriverebbero *tutti i mammiferi.* Peccato che non esistano *forme di transizione* tra le specie… Non vi è alcuna prova che l'arto di un rettile si sia trasformato nell'arto di altri tipi di viventi. Infatti:

I più antichi resti di Mammiferi sono stati raccolti, a quanto sembra, in rocce del Triassico superiore, e sono rappresentati essenzialmente da mandibole incomplete, denti isolati e frammenti cranici di animali della taglia non più grande di un gatto. Tuttavia, la vera e propria 'esplosione' di questa classe ha avuto luogo a partire dall'inizio del Cenozoico. […] … nei Rettili e nei Mammiferi la giunzione cranio-mandibolare avviene in modo nettamente diverso… […] Non si può ammettere - come fanno gli evoluzionisti - un passaggio graduale dall'una all'altra condizione. Se questo fosse realmente avvenuto, infatti, dovremmo accettare che, per migliaia di anni, gli 'anelli di congiunzione' fra Rettili e Mammiferi non furono in grado né di udire, né di aprire e chiudere la bocca senza difficoltà; mentre è evidente che animali di tal genere sarebbero stati subito eliminati dalla selezione naturale.[70]

Poveri animali di transizione! Quanta sofferenza per permettere il passaggio impossibile da una specie all'altra! Non possono udire, masticare, volare… per milioni di anni… in attesa del grande miracolo. Fortunatamente non sono mai esistiti.
Il povero *archeopteryx* viene ancora spacciato per un rettile-uccello… Alcuni tirano in ballo persino l'ornitorinco:

Per il solo fatto che depone uova ed è dotato di un becco molto simile a quello di un'anitra, dovremmo forse considerarlo un anello di congiunzione fra Uccelli e Mammiferi? Evidentemente no. L'ornitorinco, sebbene appartenga ad una sottoclasse di Mammiferi molto strana e circoscritta, non cessa affatto, per questo, di rimanere

70. G. Sermonti e R. Fondi, *op. cit.,* pag. 264, 267 e 268.

un autentico mammifero.[71]

Nei libri di zoologia la fantasia non manca, e ne occorre tanta, visto che:

Dimostratisi, dunque, irreperibili gli 'anelli di congiunzione' fra Rettili e Mammiferi, ci si può chiedere se siano mai stati trovati quelli che avrebbero dovuto connettere fra loro le diverse sottoclassi dei Mammiferi stessi. Ma anche in questo caso la risposta è decisamente negativa. Gli evoluzionisti *credono* che i Mamiferi abbiano avuto un'origine polifiletica a partire dai Rettili Sinapsidi, ma in realtà non sono affatto nelle condizioni di poter illustrare con una certa sicurezza i particolari di questa origine.[72]

Potrebbero quasi fare tenerezza se non proponessero nei testi scolastici queste fantasie come *verità di fatto.* Eppure: "la scienza paleontologica non soltanto non fornisce alcuna prova di antenati comuni, progenitori di tutti i Mammiferi, ma costringe a far accettare come discontinua anche la struttura spazio-temporale del taxon rappresentato da questi ultimi."[73] Per anni il povero Celacanto (*Latimeria chalumnae*) è stato spacciato per anello di congiunzione tra pesci e rettili; oggi, grazie allo studio del suo DNA, appare chiaro che si tratta semplicemente di un pesce e nulla più. Come afferma il genetista Alberto Pallavicini: "I celacanti avevano molte carte in regola per essere candidati a predecessori delle forme terrestri. Ma hanno meno elementi in comune con i tetrapodi rispetto ai pesci polmonati...[...] Mi spiace un po' dirlo, ma il celacanto è stato uno dei tanti vicoli ciechi evolutivi che non hanno portato a particolari sviluppi".[74] Questa caduta del celacanto è in realtà la dimostrazione del dogma evoluzionistico: pur non avendo prove *la teoria deve*

71. *Ivi.,* pag. 270.

72. *Ibidem.*

73. *Ivi.,* pag. 271.

74. *Cade un mito: il celacanto non è l'antenato dei vertebrati terrestri,* Corriere della Sera, 13 Aprile 2013.

essere comunque esposta e divulgata. Dobbiamo aspettare, dopo quasi due secoli, l'apparizione miracolosa di anelli di congiunzione, oppure riconoscere la realtà dei fatti, che "la vita non può essere un qualcosa di indefinito o generalizzato, bensì si manifesta ogni volta come severamente 'quantificata' e ancorata a norme specifiche di differenziazione, di idoneità ad un particolare ambiente..."[75]? Nonostante tutto questo vi è ancora chi crede alla trasformazione di una specie ben differenziata in un'altra. Perché? Perché, ad esempio, le "serie filetiche" sono congetture ben costruite, come le immagini create oggi col computer...Un esempio classico riguarda il cavallo; esistono molti disegni nei libri per bambini e per studenti più grandi, e tali disegni raccontano, come vedremo, una favola: l'evoluzione del cavallo.

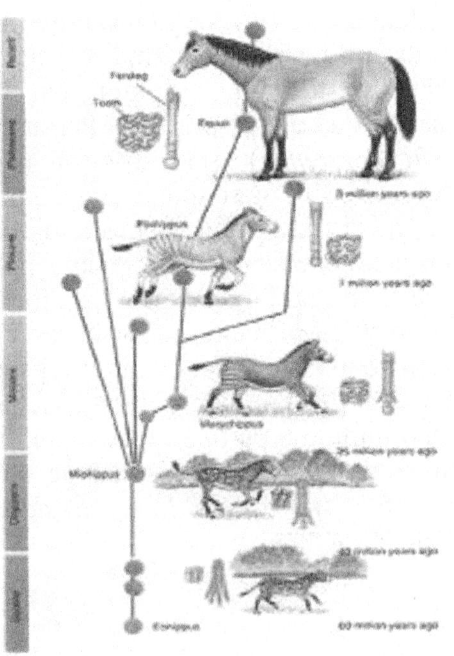

Guardando una simile immagine il lettore in buona fede pensa: "Caspita! Allora è vero! Il cavallo era prima minuscolo e poi si è evoluto nel cavallo dei giorni nostri!" Ma le cose non stanno proprio così. Infatti:

James Harrison Quinn ha studiato accuratamente gli Equidi fossili del Miocene del Texas (pianura costiera del Golfo del Messico), ed è arrivato a dedurne che l'evoluzione degli Equidi moderni dovette avvenire in forma 'esplosiva' a partire dal Miocene

75. G. Sermonti e R. Fondi, *op. cit.,* pag. 273.

medio… […] Le conclusioni di Quinn sono interessanti e meritano di essere riportate: «[…] In alcuni caratteri come la taglia ed il grado d'ipsodontia le linee intergradano, ma nei caratteri che servono a distinguere le specie o le linee specifiche esse non intergradano. La mancanza di, o l'incapacità di trovare, integrardazioni al punto di divergenza di linee filetiche è uno dei più irritanti fra tutti i problemi a cui si trova di fronte lo studioso di evoluzione.» Stando così i fatti, e poiché, per esplicita ammissione di Quinn, non si conosce l'antenato comune di tutti i generi di Equidi vissuti dal Miocene medio ad oggi […] *la famosa 'successione graduale' dei cavalli consiste, in realtà, di un insieme di elementi spazio-temporali staccati gli uni dagli altri!*[76]

Ecco lo schema oggettivo che smaschera il finto sviluppo del cavallo:

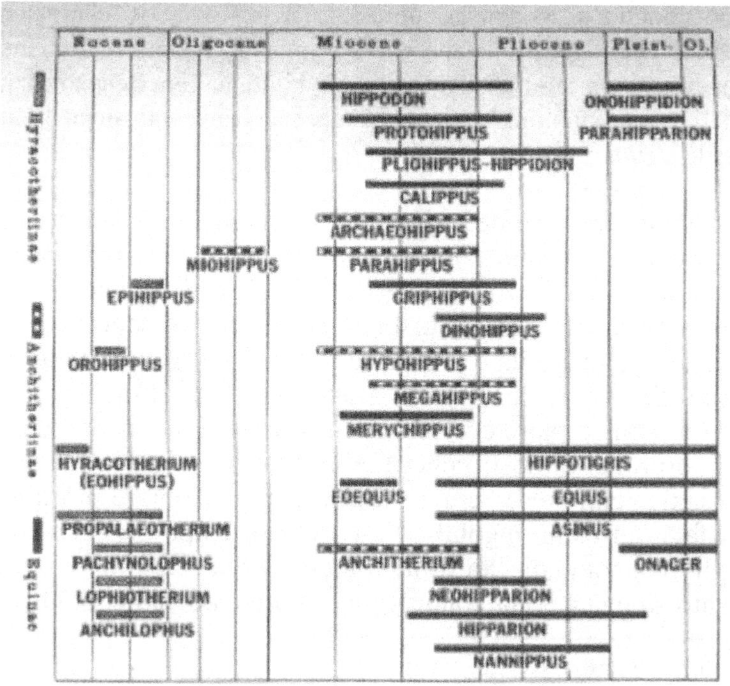

76. G. Sermonti e R. Fondi, *op. cit.,* pag. 281, 282 e 283.

In sostanza i diversi tipi di cavalli che il disegno mostra come collegati appartengono a tempi e zone del pianeta diverse… infatti esistono decine di tabelle fantasiose sulla cosiddetta evoluzione del cavallo, ma l'albero genealogico diventa sempre più confuso, dato che le linee 'evolutive' dall'Eohippus all'Equus sono del tutto inconsistenti. Persino lo scienziato evoluzionista, George Simpson, rigettò tale mito: "L'uniforme e continua trasformazione dell'*hyracotherium* in *equus*, tanto cara ai cuori di generazioni di libri di testo, non è mai avvenuta in natura."[77] Il problema è che molti di questi trucchi visivi e schematici vengono ancora proposti a livello didattico.

Ma l'apoteosi del mito si raggiunge quando l'evoluzionista tenta di spiegare la comparsa dell'uomo. Fondi scrive:

> In pochi campi d'indagine come nella paleontologia umana, infatti, hanno potuto insinuarsi la confusione e la frode. Gli evoluzionisti credono che il genere umano e le scimmie antropomorfe derivino da progenitori con caratteristiche comuni vissuti nell'era Cenozoica; però di tali presunti uomini-bestia non è mai stato rinvenuto alcun esempio fossile *sicuro*.[78]

La totale fragilità della cosiddetta 'evoluzione' dell'uomo ha portato a delle falsificazioni clamorose, come il caso dell'uomo-scimmia di Piltdown. Nel 1912 il museo britannico di storia naturale espose la ricostruzione di un "anello mancante" sulla base di una mascella e una parte di cranio ritrovate in una cava vicino Piltdown. Per decenni studenti di tutto il mondo furono certi di contemplare così l'uomo-scimmia! Finalmente, col test al fluoruro, si dimostrò che il cranio aveva solo 2000 anni e la mascella scimmiesca era stata limata per sembrare più umana. Un falso in piena regola![79] Fu un duro colpo per le speranze degli evoluzionisti. Poi fu la volta del *Pithecanthropus erectus*, basato su una calotta cranica, un femore e pochi denti. Oggi gli

---

77. G. G. Simpson, *Horses,* 1951.

78. G. Sermonti e R. Fondi, *op. cit.,* pag. 285.

79. Cfr. M. Bowden, *Ape-Men: fact or fallacy?,* Sovereign, Kent, 1977.

scienziati non lo considerano più un "anello mancante" poiché si tratta semplicemente di un tipo di uomo, denominato *homo erectus*... Il problema è l'estrema ambiguità della definizione di 'ominide'. La persona comune pensa che esistano prove di un graduale sviluppo dell'uomo, ma non è affatto così. Fondi scrive:

Sul piano strettamente morfologico e anatomo-comparativo, il più 'primitivo' - o meno 'evoluto' - fra tutti gli ominidi risulta essere proprio l'Uomo di tipo moderno! Si trovano, quindi, in una posizione molto precaria quanti credono che l'*Homo sapiens sapiens* abbia avuto origine o dall' *'Homo erectus',* o addirittura dall'*Australopithecus:* tutte forme che, visibilmente, risultano più specializzate e differenziate della nostra.[80]

Le storielle che collegherebbero tipi umani diversi sono senza alcun fondamento, inoltre gli evoluzionisti non hanno alcuna spiegazione per quanto riguarda l'origine degli ominidi, e confondono i vari reperti:

[prof. Yves Coppens, paleoantropologo al Collège de France]: *Siamo in possesso di qualche osso che potrebbe fornirci una risposta in proposito, ma al momento sono troppo pochi. Non solo ma vi sono delle ossa che sono state considerate appartenenti a degli ominidi, ma ora pare che siano dei primati.*[81]

La complessità intellettuale dell'essere umano come si spiega? Da dove è saltata fuori? Gli evoluzionisti credono forse di poter spiegare l'abisso tra l'uomo e gli animali confrontando le ossa delle scimmie con qualche ominide? Il *linguaggio* come è apparso? Gradualmente? *Un linguaggio graduale non avrebbe alcun senso...* È forse 'esploso'? Un ominide ha iniziato, non si sa come, a parlare improvvisamente? Sarebbe comico... Proprio sulla unicità della costituzione dell'uomo l'evoluzionismo crolla, e crolla il suo paradigma materialistico che considera il

80. G. Sermonti e R. Fondi, *op. cit.,* pag. 287.

81. Cit. in G. Lo Presti, *op. cit.,* pag. 182.

linguaggio come "un prodotto del caso"[82]. Oggi sappiamo che la lingua originaria, il sanscrito, era perfetta, ben superiore alle lingue successive, le 'indo-europee' che appaiono come una sua degenerazione... Lo studioso inglese William Jones, uno dei primi studiosi della lingua vedica, disse: "La lingua sanscrita, per quanto possa essere antica, ha una struttura meravigliosa. È più completa di quella greca, più copiosa di quella latina e più colta di entrambe. Con entrambe ha un'affinità nelle radici dei verbi... "[83] Questi studi ribaltano la favola evoluzionista, applicata anche alla storia della cultura, di uno sviluppo progressivo; in realtà la scienza moderna si basa su una visione del tempo lineare, ma il tempo è ciclico, come la comparsa della vita e delle civiltà avanzate. Inutilmente Monod riconosce che "nell'*Homo sapiens* la vastità e la raffinatezza delle funzioni conoscitive trovano evidentemente la loro ragion d'essere unicamente nel linguaggio e tramite il linguaggio."[84] Poiché Monod e gli evoluzionisti ignorano il *senso* stesso dell'uomo e lo scopo superiore del linguaggio originario... Per comprendere tale scopo superiore bisognerebbe studiare con attenzione e senza pregiudizi i testi dell'antica letteratura vedica, ma su questo punto tornerò alla fine del saggio.

Torniamo alla fantasia degli evoluzionisti. Nelle immaginarie ricostruzioni dei visi dei vari 'antenati' dell'uomo l'artista scultore o pittore ha, in modo del tutto arbitrario, raffigurato esseri semi-animaleschi; il pubblico deve essere indottrinato, certo, peccato però che

... l'uomo di Neanderthal era, sostanzialmente, un uomo come noi,

---

82. J. Monod, *op. cit.*, pag. 112.

83. Cit. in W. Von Humboldt, *op. cit.*, pag. 13 (in nota). Pur stimando la conoscenza vedica Jones nello stesso tempo la temeva, poiché intuiva che tale conoscenza potesse "minare le basi dell'ordine civile in Inghilterra" [E. Zolla, *Verità segrete esposte in evidenza,* Marsilio,Venezia 2003, pag, 20] Infatti il modello di civiltà vedica è del tutto diverso dal modello industriale-capitalistico nato proprio in Inghilterra. Si tratta di un modello in armonia con la natura e con gli altri uomini, un modello basato su altri valori...

84. J. Monod, *op. cit.*, pag. 111.

un *Homo sapiens.* [...] Le illustrazioni divulgative che insistono nel presentare - ancora oggi! - l'uomo di Neanderthal come semianimalesco (portamento ricurvo, gambe flesse, viso sporgente, peluria abbondante su tutto il corpo) sono prive di qualsiasi fondamento reale.[85]

In base a delle semplici ossa non è possibile, infatti, stabilire la peluria o le sporgenze del viso... La fantasia e la disonestà intellettuale dell'evoluzionismo raggiunge il suo culmine in queste raffigurazioni:

L'artista *inventa* scimmie-umane, esseri pelosi e animaleschi che si comportano in modo umano. Ma è pura immaginazione...

Appare fin troppo chiara la volontà di far credere qualcosa che non si riesce a dimostrare. Solo nei grandi sistemi totalitari veniva utilizzata una simile propaganda, che non si limita solo ai libri scolastici, ma riguarda la cultura in generale, le riviste scientifiche e i mass media nel loro insieme...

In conclusione l'apparizione dell'uomo resta un enigma, ancora più vasto dell'apparizione di ogni altra specie. Fondi conclude:

Pare veramente, insomma, che al limite fra Pliocene e Quaternario,

85. G. Sermonti e R. Fondi, *op. cit.*, pag. 288.

esistessero in Africa orientale almeno due taxa di Ominidi: *Australopithecus* e *Homo*. [...] Uomini ed Australopitechi dovevano discendere da antenati comuni vissuti in piena era Cenozoica. Questi antenati non sono mai stati trovati...[86]

In compenso però la studiosa Virginia Steen-McIntyre[87] trovò negli anni '70, in un sito archeologico messicano (Hueyatlaco), resti di insediamenti umani risalenti a 250.000 anni fa; dato che tale scoperta andava contro la storiella ufficiale del modello evolutivo umano, secondo il quale gli uomini arrivarono in America solo 40.000 anni fa, tutto fu insabbiato e la carriera della Steen-McIntyre venne distrutta; le fu impedito di studiare ulteriormente il sito con minacce e con il blocco di ogni finanziamento. L'archeologia ufficiale ha semplicemente rimosso tale questione, senza aprire alcun dibattito o verifica ulteriore. Ciò che va contro il dogma dell'evoluzione non può esistere... ecco perché la teoria dell'evoluzione, in realtà, rappresenta un grave ostacolo alla libera ricerca; ogni ritrovamento che rende l'evoluzionismo insostenibile viene cancellato, rinnegato.[88]

Non è la prima né l'ultima volta; spesso la geologia si è trovata in contrasto con l'opinione degli archeologi e degli antropologi fedeli al dogma. Un caso più recente è quello delle impronte umane rinvenute nel 2005 in un sito a 130 km da Città del Messico, la dott.ssa Silvia Gonzales e i professori David Huddart e Matthew Bennett inizialmente datarono il tutto come risalente a 38.000 anni fa.

In seguito, però, la datazione del sito, in base ai resti vulcanici,

86. G. Sermonti e R. Fondi, *op. cit.*, pag. 294 e 297.

87. V. Steen-Mcintyre, R. Fryxell, H. E. Malde, *Geological evidence for age of deposits at Hueyatlaco archeological site, Valsequillo, Mexico*, in Quaternary Research, 16, 1981, pp. 1-17.

88. Vi è una ricca serie di reperti archeologici rifiutati a-priori dalla comunità scientifica; per approfondire: Cfr. M. Cremo e R. Thompson, *Archeologia proibita*, Newton Compton, Roma 2011.

venne portata ad un milione e 300 mila anni fa[89]... A questo punto le impronte non vengono più considerate umane...

Lascio al lettore la riflessione su un simile atteggiamento della comunità scientifica. Per concludere vorrei citare un articolo del 2011 dove si insiste con la storia degli *antenati* dell'uomo; si tratta dell'*Homo heidelbergensis,* considerato come 'progenitore' del *sapiens* e del *neanderthal.* Tale 'ominide' è stato teorizzato sulla base di ritrovamenti avvenuti nel 1992. Gli studiosi *ipotizzano* che sapesse parlare, anche se in modo rudimentale... Si tratta sempre di esseri umani, ma il dogma evoluzionistico continua a raffigurarli, con grande fantasia, in forma scimmiesca, senza alcun fondamento. Il mito continua... infatti "la sua origine è ancora misteriosa"[90]. Aveva ragione Sermonti: " Chi guarda la scienza dal di fuori crede che gli scienziati si ingegnino a trovar teorie che si accordino con i loro dati. Accade spesso proprio il contrario, e cioè che essi si affannino a forzare i loro dati entro una teoria preconcetta".[91]

---

89. Cfr. R. Dalton, *Footprint claims get stamped on. Age data knock first impressions of marks in Mexican rock,* Nature, 30 Novembre 2005.

90. G. Manzi e F. Di Vincenzo, *L'ultimo antenato,* Le Scienze, agosto 2011, n. 516, pag. 52.

91. G. Sermonti, *Dimenticare Darwin,* Il Cerchio, Rimini 2006, pag. 60.

CAPITOLO 6
COSA DICONO I GENETISTI

... se si prendesse il meccanismo neo-darwiniano, mutazione-selezione, l'evoluzione non si sarebbe prodotta, poiché è assolutamente impossibile...[92]

Jérôme Lejeune, genetista

Che l'uomo non discenda da una scimmia ve lo garantisco...[...] Gli organismi pluricellulari sono emersi in breve tempo, in tutti i loro 'tipi', mezzo miliardo di anni fa, senza forme intermedie e senza forme premonitrici. I mammiferi moderni sono anch'essi apparsi, ben distinti nei loro 'ordini', praticamente tutti insieme, all'inizio del Pliocene. Quindi il 'cambiamento continuo', il 'passaggio lento e graduale' e persino il miglioramento e la complessificazione sono tutt'altro che documentati.[93]

G. Sermonti, genetista.

Quando il DNA venne scoperto da Watson e Crick alcuni affermarono che si trattava della prova dell'esistenza di un'intelligenza divina... Infatti: "... un elefante si riproduce sempre rigorosamente nella specie elefantina. C'è una ragione per questo. E questa ragione cominciamo a conoscerla almeno per le specie superiori: è che il loro patrimonio genetico è organizzato in una struttura figurata, che sono i cromosomi, e che

92. J. Lejeune, *Il messaggio della vita,* Cantagalli, Siena 2013, pag. 87.

93. G. Sermonti, *Dimenticare Darwin,* Il Cerchio, Rimini 2006, pag. 6 e 12.

i cromosomi sono in un qualche modo i volumi dell'enciclopedia della vita..."[94] Si tratta di un codice la cui complessità è davvero straordinaria, in esso tutte le informazioni che riguardano quel tipo di organismo sono impresse in modo così mirabile che "alla maggior parte dei biologi la bella struttura aperiodica della doppia elica appare quasi miracolosamente preadattata dalla chimica e da Dio per essere la molecola fondamentale della vita."[95] L'evoluzionista afferma che il DNA si è formato gradualmente e che ha subito delle mutazioni, le quali spiegherebbero le varie specie viventi. Ma ciò è davvero possibile? Ci sono prove di tali mutazioni? Sermonti osservava: "I geni, dalla cui variabilità sarebbe dipesa la grande differenziazione dei viventi, sulle modificazioni dei quali avrebbe operato la selezione naturale, sono sostanzialmente gli stessi in tutta la biosfera. [...] La selezione naturale ha avuto quindi un ruolo importante nella storia della vita, ma esattamente quello opposto al compito affidatole da Darwin: il ruolo di conservare stabile e funzionale il materiale genetico esposto all'avaria dei millenni. Possiamo quindi dichiarare, con buona approssimazione, la fondamentale *invarianza del DNA* nel mondo vivente. Possiamo affermare che, nonostante si sia voluta trovare nelle variazioni del genotipo la chiave dell'evoluzione, *il genotipo è, nelle sue linee fondamentali, una costante* con variazioni secondarie, dal batterio all'uomo!"[96] Le variazioni secondarie sono quelle che osserviamo in tutte le specie: colore della pelle, delle piume, lunghezza del becco, ecc... tutte variazioni che restano *all'interno della specie e non portano una specie a diventarne una nuova.* È ciò che viene chiamato *microevoluzione.* Ma la *macroevoluzione*? Come può avvenire se il DNA è una struttura stabile? Per molto tempo gli evoluzionisti hanno affermato, dogmaticamente, che il DNA 'spazzatura' è la prova del passato evolutivo di un organismo, eppure Behe nota:

---

94. J. Lejeune, *op. cit.,* pag. 86.

95. S. Kauffman, pag. 36.

96. G. Sermonti e R. Fondi, *op. cit.,* pag. 75 e 76.

... anche se gli pseudo-geni non avessero alcuna funzione, l'evoluzione non avrebbe comunque 'spiegato' nulla, riguardo al modo in cui questi si sono sviluppati. Per poter produrre anche solo la pseudo-copia di un gene è necessaria una dozzina di sofisticate proteine: per separare i due fili del DNA, per allineare al punto giusto i macchinari per la copiatura...[...] Nel suo articolo Miller non ci ha detto in che modo una qualunque di queste funzioni avrebbe potuto svilupparsi gradualmente, con un processo darwiniano, né ha indicato articoli, nella letteratura scientifica, in cui sia possibile reperire tali informazioni. Non può farlo, perché le informazioni non ci sono. [...] In realtà, la teoria dell'evoluzione molecolare darwiniana non ha mai pubblicato e quindi dovrebbe morire. [97]

Oggi molti scienziati si stanno rendendo conto della inconciliabilità del neo-darwinismo con la complessità dei meccanismi genetici, infatti:

... anche se le mutazioni fossero davvero casuali alla fonte, i fenotipi corrispondenti non lo sono. In altre parole, prima che qualsiasi fenotipo possa essere, per così dire, 'offerto' alla selezione da parte dell'ambiente, deve essere soddisfatta una schiera di vincoli interni e, come vedremo, debbono essere stabilizzate le interazioni a molti livelli. [...] ... non è consigliabile dare per scontata una spiegazione neo-darwiniana dell'evoluzione.[98]

Sarebbe bene anche non dare per scontata la teoria dell'evoluzione... dato che non vi è alcuna prova empirica di una mutazione genetica che abbia portato una specie a diventarne un'altra radicalmente diversa; sono solo ipotesi e le uniche mutazioni effettuate in laboratorio su microrganismi o sui moscerini dimostrano variazioni che non portano ad *organismi di altro tipo*. Purtroppo però molti scienziati *interpretano* certe scoperte in modo ideologico, come nel caso dei geni e delle loro corrispondenze funzionali:

---

97. M. Behe, *op. cit.,* pag. 290 e 241.

98. M. Piattelli Palmarini e J. Fodor, *op. cit.,* pag. 47 e 53.

> Gli esempi della corrispondenza funzionale stretta fra geni di specie distanti sono troppo numerosi per poterli elencare. [...] La conservazione di geni e di complessi di geni non è soltanto compatibile con la variazione del piano generale dell'organismo tipica della speciazione, è la fonte principale di tale variazione...[99]

Il fatto che gli organismi abbiano geni con delle funzionalità in comune non dimostra l'evoluzione; essa è del tutto *postulata ma non dimostrata,* infatti:

> Tutti gli animali hanno lo stesso pacchetto di geni a decretare l'ordine delle loro regioni corporali, benché queste siano diversissime nei vari tipi. Si è arrivati alla conclusione che il pacchetto fosse antichissimo e universale, che appartenesse al progenitore degli animali e si fosse conservato intatto durante tutto lo sviluppo della fauna, per un mezzo miliardo di anni. I geni che ordinano un mammifero sono gli stessi che ordinano un mammifero. Se trasferiamo il gene che posiziona l'occhio di un topolino nell'uovo di un moscerino cieco, riparando il suo pacchetto posizionale, il moscerino riacquista i suoi rossi occhi sfaccettati, seppure il gene gli sia stato offerto da un topo con occhi tondi e pungenti. Che cosa allora fa mosca la mosca e topo il topo?[100]

Aristotele avrebbe risposto: L'*entelechia!* Oggi studiosi più coraggiosi riconoscono che dei campi informativi[101] possono essere responsabili della morfologia degli organismi e dei loro caratteri ereditari, poiché i geni stessi non sono sufficienti per spiegare l'immensa complessità del vivente. Ma qui spunta il problema del paradigma dominante nella comunità scientifica: il materialismo. Guai a chi tocca il paradigma errato dei materialisti. Lo scienziato che ci prova rischia l'eliminazione, il rogo *in effigie.* Il caso del genetista Giuseppe Sermonti vale la pena di

---

99. *Ivi.,* pag. 35.

100. G. Sermonti, *Dimenticare Darwin, op. cit.,* pag. 55.

101. Cfr. R. Sheldrake, *Le illusioni della scienza. 10 dogmi della scienza moderna posti sotto esame,* URRA, Milano 2013.

essere analizzato. Egli scrisse con il paleontologo Roberto Fondi il libro: *Dopo Darwin,* nel quale, con dati scientifici rigorosi, la teoria dell'evoluzionismo nao-darwiniana veniva mostrata per ciò che è: un mito. Il testo scatenò reazioni violente, e portò all'ostracismo degli autori. In particolare Sermonti ha dovuto subire insulti e diffamazioni da parte di una comunità scientifica sempre più dedita alla violenza che al confronto. Anni dopo Sermonti avrà la soddisfazione di riconoscere: "In pochi anni ho visto svanire l'onnipotenza della selezione naturale, il concetto di gradualità nei passaggi tra i gruppi viventi, quello di progresso della vita, cioè tutto quello che avevo ritenuto costituissero il fondamento dell'evoluzionismo. [...] L'evoluzione era divenuta un processo sotterraneo, che non aveva nulla a che fare con le morfologie dei viventi... [...] era divenuta un insieme di trasformazioni neutrali delle molecole... [...] Ciò che distingue una farfalla da un leone, una gallina da una mosca, o un verme da una balena è molto meno una differenza nei costituenti chimici che nell'organizzazione e nella distribuzione di questi costituenti. [...] fenomeni, questi ultimi, che la biologia molecolare non ha modo di comprendere. [...] Povero vecchio edificio in rovina, l'evoluzione era una teoria ridotta a spiegare la trasformazione attraverso il più conservativo dei principi, la parentela. La parentela mantiene eguali, ma cosa fa le differenze?"[102]

Nessun evoluzionista sa rispondere a questa domanda. Eppure la teoria dell'evoluzione continua ad essere quella dominante, grazie al suo valore ideologico, ma scientificamente non regge, è un assurdo...Chi darà il colpo di grazia a questo edificio in rovina? Chi seppellirà Darwin in modo definitivo? È un problema sociologico, poiché la scienza è una costruzione sociale e nessun paradigma lascia le scene tanto facilmente, soprattutto dopo aver dominato per quasi due secoli. Ancora i manuali scolastici propongono 'prove' che perfino gli evoluzionisti hanno ripudiato: fossili fasulli, forme di transizione immaginarie, i disegni manipolati di Haeckel...

---

102. G. Sermonti, *La luna nel bosco,* Rusconi, Milano 1985, pag. 15 e 16.

Tutte le mutazioni genetiche osservate non hanno mai portato ad un arricchimento dell'informazione. Se il becco di un volatile cambia ciò è dovuto comunque ad una informazione genetica *già esistente.* Possono esserci anche delle *speciazioni,* cioè la comparsa di nuove *modalità* nella specie, ma ciò non ha nulla a che vedere con una *evoluzione, cioè con un aumento di informazione nel genoma.* Diverse 'specie' di farfalle e di cani possono apparire, ma non vi è prova di un uccello che provenga da un rettile o un rettile che provenga da un pesce... Inoltre una mutazione nel genoma che possa aver portato dei batteri a diventare animali complessi è insostenibile:

Nessuno pensa che gli animali del Cambriano si siano evoluti direttamente dai batteri. Né qualcuno pensa che l'antenato multicellulare, putativo, delle forme cambriane sia stato nemmeno lontanamente sufficiente in base alla popolazione batterica, che [Douglas] Axe ha usato per la sua stima. [...] Ricordiamo che, sulla base della stima di Axe, la probabilità di generare un solo gene (per una nuova proteina funzionale) da tutti i batteri (e altri organismi) che hanno sempre vissuto sulla Terra è solo di 1 su 10 trilioni di trilioni di trilioni. [...] ... la costruzione di nuove forme animali richiede la generazione di molto più di una proteina di lunghezza modesta.[103]

In sostanza non solo non vi sono fossili di transizione tra i batteri primordiali e gli animali del Cambriano, ma una mutazione genetica positiva basata sul caso è improponibile... Giustamente Meyer propone la spiegazione del disegno intelligente, poiché si tratta dell'unica e logica spiegazione, come è logico riconoscere che le informazioni nuove in un computer sono state progettate

---

103. S. C. Meyer, *Darwin's doubt,* Harper Collins, 2013, pag. 205. (trad. mia) Negli Stati Uniti il dibattito è molto acceso e si può assistere alle posizione estreme di certi neo-darwinisti e di certi creazionisti... Bisognerebbe andare oltre i dogmi e riflettere con distacco. Cosa non facile, per motivi di ordine sociologico. Il biologo americano Nathaniel Abraham è stato licenziato dall'Istituto Oceanografico Woods Hole perché *non crede nell'evoluzionismo.* Ora è in causa con l'Istituto perché tale motivazione viola i suoi diritti civili... Ma ci sono moltissime storie simili nel grande paese della 'Libertà'...

e inserite. Una mutazione genetica casuale che aumenti l'informazione non solo non è mai stata osservata ma è assurda se applicata all'esplosione di vita del Cambriano. Ecco perché Meyer afferma: "La Teoria dell'*intelligent design* non si basa su una credenza religiosa..."[104] infatti già Voltaire la proponeva *osservando* la straordinaria complessità degli esseri viventi... Oggi gli scienziati che riconoscono questa evidenza sono in aumento, ma l'opposizione ideologica è molto forte. La paura di dare sostegno alla religione con la scienza è notevole. Eppure la ragione dovrebbe prevalere. Il biofisico Lee Spetner afferma chiaramente che il caso non può portare a nessun cambiamento biologico sensato; egli criticò gli evoluzionisti che sostenevano di aver trovato una prova nei batteri che sviluppavano l'immunità agli antibiotici; tale sviluppo non è frutto di una evoluzione genetica nuova ma deriva da un trasferimento di geni già esistenti nei batteri:

> L'acquisizione di resistenza agli antibiotici in questa maniera... [...] non è del tipo che può servire come prototipo per le mutazioni necessarie a spiegare l'Evoluzione. I cambiamenti genetici che potrebbero illustrare quella teoria non soltanto devono aggiungere informazioni al genoma del batterio, ma devono aggiungere anche nuove informazioni al biocosmo. Il trasferimento orizzontale di geni non fa altro che diffondere dei geni che esistono già in alcune specie.[105]

È divertente osservare il volto di Richard Dawkins quando, in una intervista, gli viene chiesto di citare almeno *un caso* di mutazione genetica che abbia portato ad un aumento dell'informazione nel genoma; egli tace... Ma questo silenzio non è forse il preludio della fine del paradigma materialistico applicato al mondo della scienza? Come disse Lejeune: "Basterebbe notare che nessuna specie nuova è stata ottenuta in laboratorio, neanche per la drosofila, favorendo al massimo la

---

104. *Ivi.,* pag. 413. (trad. mia)

105. L. Spetner, *Lee Spetner/ Edward Max, Dialogue...,* 2001, www.trueorigin.org/spetner2.ap. Cfr. L. Spetner, *Not by Chance, Shattering the Modern Theory of Evolution,* 1996.

variazione razziale [...]; l'enorme variazione razziale del cane domestico ne è un esempio ancora più chiaro. Il cane da salotto e il dogo sono sempre interfecondi, e lo sono anche i loro ibridi. [...] Non sono i fossili... ma l'ingegnere della macchina; ecco il vero anello mancante."[106] Il genetista onesto *riconosce* che ogni forma di vita è il risultato di una straordinaria ingegneria genetica... Non a caso un genetista di fama internazionale, John Sanford, inventore della 'pistola genetica' (che permette di modificare il DNA attraverso una tecnologia applicata al mondo vegetale) scrive:

> Il Primo Assioma [esso afferma che ogni specie è solo il prodotto di mutazioni genetiche casuali più la selezione naturale] è in realtà una teoria estremamente vulnerabile. Infatti esso è essenzialmente indifendibile.
> La sua apparente invincibilità deriva in gran parte da spacconate, fumo e gioco di specchi. Una gran parte di ciò che mantiene in piedi l'Assioma è una fede quasi mistica che i 'veri-credenti' hanno nei confronti della 'onnipotente' selezione naturale. Inoltre ho iniziato a notare che questa fede profonda nella selezione naturale è tipicamente collegata ad un grado di impegno ideologico che può essere descritto solo in termini religiosi. Ho quindi compreso (sempre con trepidazione) che potrei offendere la 'religione' di un gran numero di persone! [...] ... ogni forma di analisi oggettiva che ho effettuato mi ha convinto che l'Assioma è chiaramente falso.[107]

Con simili affermazioni, dettate dall'onestà intellettuale, Sanford si è attirato addosso il linciaggio culturale della 'comunità scientifica', la quale non poteva tollerare una simile critica. Eppure Sanford nel suo saggio espone limpidamente i fatti: il genoma col passare del tempo degenera; questa è *l'entropia*

---

106. Cit. in J.-M. Le Méné, *Il professor Lejeune. Fondatore della genetica moderna,* Cantagalli, 2008, pag. 78 e 83.

107. J. C. Sanford, *Genetic Entropy & the mystery of the Genome,* FMS Publications, 2008, pp. 8-9. (trad. mia)

genetica, confermata dagli studi più recenti[108]; come può una evoluzione casuale con mutazioni cieche aver portato all'ordine genetico? Per Sanford ciò è scientificamente impossibile... Ma il fumo dei neo-darwinisti, i loro giochi di specchi e la loro *religione* non molla la presa...

108. M. Lynch, *Rate, molecular spectrum and consequences of spontaneous mutation in man*, Atti della National Academy of Sciences, 2009.

CAPITOLO 7
EVOLUZIONE, CREAZIONE, OPPURE... ?

> La teoria dell'evoluzionismo applicata all'uomo ha avuto un'importanza considerevole nella formazione del pensiero occidentale. In fondo essa non è che un tentativo filosofico e scientifico per giustificare l'occidente.[109]
>
> Jean Servier

"Neghi l'evoluzione delle specie? Allora sei un Creazionista! Credi solo nella Bibbia!" Questo è l'atteggiamento puerile degli scienziati al giorno d'oggi. Ma vi sono altri testi sacri oltre la Bibbia e la vita in essi viene spiegata in modi molto diversi e attraverso conoscenze scientifiche avanzate... Inoltre l'*aut-aut* evoluzione o creazione è del tutto ideologico; esistono altre modalità per indicare in maniera scientifica e complessa la *progettualità* della vita nel cosmo. Intanto sarebbe opportuno smascherare a livello scolastico l'ideologia che sta a monte della teoria evoluzionista, così analizzata da Servier:

L'impostura della nostra scienza del secolo XX consiste nel mantenere, a forza di dissimulazione, fatti nuovi sulla stessa vecchia strada. [...] I nostri manuali scolastici, i nostri musei, insistendo nel fare della scimmia l'antenato dell'uomo, inculcano i principi di base del razzismo, perché considerano gli uomini delle civiltà tradizionali come testimonianze fossili, pietre miliari sulla via regia che conduce al trono dell'uomo bianco, unico «adulto e civile», termine ultimo di ogni evoluzione. [...] I selvaggi non sono mai esistiti, poiché l'uomo

---

109. J. Servier, *op. cit.*, pag. 56.

non si è mai evoluto secondo il quadro tracciato da un pensiero semplicistico che lo fa partire dalle scimmie d'Africa per giungere all'uomo bianco adulto e civile, dopo interessanti avventure d'ogni genere. [...] È una ben lunga teoria per giungere a dare ai gangster il primo posto nella creazione.[110]

Quello che gli scienziati non sanno o fingono di non sapere è che darwinismo fa rima con colonialismo e neo-darwinismo fa ancora rima con neo-colonialismo... Anche se i genocidi compiuti dal 'civilizzato' uomo bianco europeo ebbero inizio secoli prima di Darwin, fu con la sua teoria evolutiva che l'ideologia della superiorità dell'uomo europeo poteva essere resa 'scientifica'. Ancora oggi l'intero mondo della cultura rinnega le civiltà tradizionali, rifiutandosi di vederne la grandezza non solo tecnologica ma, soprattutto, interiore. Guarda caso furono proprio gli inglesi a voler distruggere negli indiani ogni rispetto per la cultura dei *Veda.*
Oggi sappiamo che gli inglesi si resero ben conto di non avere a che fare con dei 'selvaggi', poiché il sanscrito è una lingua ben più nobile e perfetta delle lingue europee; non solo, oggi gli studi archeologici confermano l'esistenza, ben 5000 anni fa, di città con reti idriche in grado di portare acqua calda a diversi piani di altezza... senza contare che secoli prima di Galileo Galilei e di Newton in India vi furono già astronomi che avevano dimostrato la visione eliocentrica; studiosi come Brahmagupta (598-668 d. C.) e Bhaskara acarya (1114-1185 d. C.) sono gli eredi della millenaria conoscenza esoterica dei *Veda* e le loro scoperte matematiche ed astronomiche sono il frutto di questo millenario sapere ancora oggi nascosto all'umanità...

Brahmagupta fu il primo matematico a considerare lo zero secondo i canoni moderni e riuscì a risolvere importanti problemi relativi alle equazioni di secondo grado e descrisse la forza di gravità; ancora più straordinari sono gli studi di Bhaskara acarya, infatti egli comprese il calcolo infinitesimale secoli prima di Newton e di Leibniz, approfondì le proprietà dello zero, approfondì il modello eliocentrico del sistema planetario (già

110. *Ivi.*, pag. 7, 9, 11 e 15.

esposto nel 499 da Aryabhata) calcolando il tempo di rotazione della terra attorno al sole con lo scarto di un minuto... Molti studiosi eurocentrici hanno tentato, invano, di dimostrare che le scoperte matematiche e astronomiche di Bhaskara erano il frutto dell'influenza occidentale, ma è vero esattamente l'opposto. Nei *Purāna,* testi antichissimi, si parla dello sviluppo del feto in modo dettagliato e biologicamente corretto e l'universo viene descritto come una 'bolla' tra tanti altri universi, come oggi propone la fisica delle stringhe... Ma questa storia culturale non può essere divulgata, come non possono essere accettati tutti i reperti archeologici, sempre più numerosi, che fanno crollare ogni idea di evoluzione materiale. Sono pochi gli studiosi che hanno il coraggio di smascherare il mito dell'uomo bianco, il "gangster" che ha spazzato via intere civiltà, che ha inventato un sistema di vita autodistruttivo che ha ormai portato l'ecosistema al collasso. Come nota acutamente Marcel de Corte: "Mentre accresciamo i nostri poteri tecnici, sparisce la spontaneità dei nostri riflessi sociali...[...] Il razionalismo irrazionale che corrode da tre secoli la ragione umana e l'allontana dalla presenza del reale, è un fenomeno di *alienazione.* [...] Folle, diceva giustamente Chesterton, non è chi ha perduto la ragione, ma chi ha perduto tutto tranne la ragione."[111] La scienza materialista è uno degli strumenti dell'alienazione moderna e la follia di questa ideologia si esprime ai massimi livelli con il dogma dell'evoluzionismo: la vita *deve* essere apparsa secondo leggi e meccanismi naturali e guai a chi si oppone a questa *fede*:

... quando la «Proceedings of the Biological Society of Washington» pubblicò l'articolo di Meyer che proponeva il disegno intelligente come spiegazione dell'origine dell'informazione biologica, si scatenò l'inferno. Le riviste scientifiche pubblicano regolarmente degli articoli *che attaccano* il disegno intelligente... [...] ... i darwinisti hanno criticato gli argomenti di Behe a favore del disegno intelligente... [...] Queste riviste però di regola si rifiutano di pubblicare le repliche di

111. M. de Corte, *Fenomenologia dell'autodistruttore,* Borla, Torino 1967, pag. 204 e 280.

Behe.[112]

Questo sarebbe l'atteggiamento di una comunità scientifica aperta al confronto oppure somiglia più alla violenza della propaganda fascista, dove l'avversario non ha diritto di replica? Strano che lo scienziato materialista continui, fino alla nausea, ad affermare che 'il disegno intelligente non è scienza' per poi scrivere articoli per confurtarlo... il fatto è che il buon senso scompare con l'apparire del fanatismo e lo scientismo dominante il buon senso lo ha perso da molto tempo...Richard Sternberg ha subito una vera e propria persecuzione per aver fatto pubblicare l'articolo di Meyer, poiché dava giusto rilievo ad una spiegazione ragionevole: l'informazione biologica ha come causa un progetto intelligente. Del resto qualcuno ha una spiegazione *sensata* per spiegare l'informazione biologica? Gli evoluzionisti non ne hanno e non hanno mai provato un aumento dell'informazione del genoma grazie a mutazioni casuali. I trucchetti di Dawkins delle simulazioni al computer sono già stati smascherati: "Dawkins predispone il computer affinché possa scrivere una serie di trenta lettere, corrispondente al numero delle lettere di un verso di Shakespeare. Successivamente procede alla simulazione del meccanismo darwiniano delle mutazioni casuali e della selezione...[...] Il modello di Dawkins ignora completamente il triplice problema della complessità, della funzionalità e della loro interazione."[113] Inoltre *che senso ha un verso di Shakespeare apparso per tentativi?* L'arte, come la biologia, hanno un senso proprio perché esistono *per uno scopo ed in base ad un'idea...*Ma gli evoluzionisti non sanno rispondere alle osservazioni scientifiche del biochimico Behe, infatti:

Mi hanno garantito che ci sono evoluzionisti che hanno spiegato l'origine delle transizioni in questione [vale a dire come, al contrario di

112. J. Welles, *Le balle di Darwin, op. cit.*, pag. 131 e 132.

113. M.-P. Schützenberger, *I miracoli del darwinismo,* in *Voci fuori dal coro,* Alfa e Omega, Caltanissetta 2012, pag. 100.

ciò che afferma Behe, il percorso darwiniano possa condurre a sistemi biochimici irriducibilmente complessi]. Tuttavia, quando chiedo quali libri contengano le spiegazioni non ottengo risposta o, al massimo, qualche titolo che, dopo un'attenta verifica, non contiene in realtà le spiegazioni promesse.[114]

Queste parole di David Ray Griffin mettono in luce l'estrema disonestà intellettuale degli evoluzionisti; io ho avuto la fortuna di incontrarne di più onesti, i quali riconoscevano l'incapacità, da parte della sintesi neodarwiniana, di spiegare la complessità dei sistemi biochimici, ma alla fine esclamavano: *però credo che in futuro ci riusciremo!* Ma è pura fede, come il millenarista che attende il Giudizio Universale...In fondo il neo-darwinismo è diventato una vera e propria religione, coi propri dogmi e con i propri sacerdoti e ogni altra idea di evoluzione deve *comunque rientrare nel paradigma ateo e materialistico:* " ... ovviamente, non c'è un progettista intelligente nel caso dell'evoluzione"[115] Perché? Su quali basi fare una simile affermazione? È dogmatica quanto questa: " ... nessuno ha progettato e costruito la biosfera. Essa si è ritrovata costruita per l'emergenza e la coevoluzione persistente di agenti autonomi."[116] Il dogma è sempre lo stesso: *nessun logos, nessun progetto, solo il caos...* Il materialismo è sempre la stessa illusione, da Democrito a Kauffman, ha solo inventato nuove canzoni, maschere più raffinate e assurde: "Esiste un modo per immaginare un'auto-modulazione di un universo che scelga i valori appropriati delle sue costanti, modulando così le sue stesse leggi? Credo in una possibile risposta affermativa."[117] Ma si tratta, appunto, di un *credo.* Non esiste nessuna prova che l'universo abbia *scelto* delle leggi e non ha alcun senso affermare una tale prospettiva: "Io non trovo nulla di valore nelle varie teorie dell'auto-organizzazione;

---

114. Cfr. *Voci fuori dal coro, op. cit.,* pag. 27.

115. M. Piattelli Palmarini e J. Fodor, *op. cit.,* pag. 159.

116. S. Kauffman, *op. cit.,* pag. 6.

117. *Ivi.,* pag. 329.

l'idea stessa è inconciliabile con la mia mente..."[118] Come non concordare con Berlinski? In fondo l'assurdità di molecole che *decidono di organizzarsi* è vecchia e Kauffman l'ha solo abbellita con i labirinti della complessità; ma cos'altro possono fare coloro che negano l'esistenza del *Logos*? Lo stesso John Locke, filosofo fondatore del moderno empirismo, riconosceva l'evidenza di una intelligenza superiore:

> "Noi abbiamo conoscenza della nostra esistenza per intuizione; dell'esistenza di Dio per dimostrazione, e delle altre cose per sensazione".[119]

Coloro che negano un *logos divino negano, in fondo, il logos che vive in ogni mente umana.* Locke non aveva bisogno di tali negazioni e neppure Einstein. Esaminiamo cosa ci propongono le saggezze orientali su questo tema. Il lettore occidentale è fin troppo abituato a pensare che esistano solo due fronti: o la Bibbia o il materialismo. Nei *Purāna* leggiamo: "Quando Brahmā ordinò a tutti i Prajāpati di creare, noi cantammo queste preghiere... [...] In questo modo fummo capaci di creare diverse specie di esseri viventi."[120] Per la conoscenza vedica ogni specie vivente è stata *progettata per uno scopo ben preciso,* tale scopo è sia materiale, legato all'armonia della natura, sia spirituale, per permettere l'evoluzione della coscienza *attraverso le specie, fino all'uomo, unica forma in cui la coscienza può liberarsi dai condizionamenti materiali con la pratica dello Yoga.* È possibile paragonare la figura di Brahmā al demiurgo platonico: "La Creazione non avviene con cose che si sviluppano indipendentemente e che in seguito trovano un equilibrio: inizia da uno stato di equilibrio, partendo dal quale emergono in modo uguale tendenze opposte, specie contrarie, forze contraddittorie".[121] Non vi è alcuna creazione dal nulla, come nelle religioni abramitiche, ma una

118. Cfr. *Voci fuori dal coro, op. cit.,* pag. 438.

119. J. Locke, *Saggio sull'intelligenza umana*, Laterza, Bari 1951, pag. 87.

120. *Srimad-Bhagavatam, Canto 4, cap. 24, v.73,* BBT, Firenze 1984, pag. 1098.

121. A. Daniélou, *Miti e Déi dell'India,* Rizzoli, Milano 2002, pag. 270.

energia materiale eterna che ciclicamente viene portata da una situazione di neutralità ad una situazione di dinamismo; anche la fisica cosmologica attuale concorda con tale visione: " ... la fisica teorica italiana Paola Zizzi ha calcolato che durante il periodo inflazionario del Big Bang l'universo fosse addirittura un 'multiverso' che si trovava in uno stato di sovrapposizione quantistica di universi multipli, fino a che qualcosa - un misterioso 'osservatore esterno' - avrebbe determinato il collasso della funzione d'onda del multiverso inducendo, tramite un processo di 'misura' sicuramente molto sofisticato, una scelta conscia tra le infinite possibilità: l'universo in cui tuttora ci troviamo a vivere". [122] Se occorre un 'osservatore' in grado di rendere dinamica l'energia materiale, perché non ci dovrebbero essere anche degli osservatori che hanno ripristinato le varie specie animali? In realtà la cultura vedica afferma l'esistenza di *infiniti universi,* come la teoria delle stringhe, ma in ognuno di essi la vita esiste per uno scopo superiore: permettere alle coscienze, esseri spirituali, di fare esperienza nell'illusione della materia per poi fare ritorno nella dimensione reale, dove la finzione del tempo non esiste.[123] Comunque non è il demiurgo ad occuparsi delle specie viventi; egli ha dato l'avvio al cosmo, lo ha strutturato in modo dinamico con delle leggi precise e lo ha fatto attraverso la *vibrazione* (ancora una consonanza con la teoria delle stringhe!). I *Mantra* sono la tecnologia con cui Brahmā ha dato avvio al dinamismo delle galassie e della materia... La vibrazione manifesta e dà forma agli archetipi materiali, organici e inorganici, e i Prajāpati hanno utilizzato lo stesso metodo per la manifestazione delle specie viventi: "Manifestò gli uccelli e il bestiame: dalla sua bocca uscirono le capre, dal petto i montoni, dai reni le vacche, dai piedi i cavalli, gli asini, i cammelli, le lepri, i cervi, i muli. Le erbe e gli alberi

---

122. M. Teodorani, *Entanglement. L'intreccio nel mondo quantistico: dalle particelle alla coscienza,* Macroedizioni, Cesena 2009, pag. 31

123. Per approfondire gli scienziati che considerano il tempo come un'illusione Cfr. J. Barbour, *La fine del tempo,* Einaudi, Torino 1999.

si formarono dai peli del suo corpo."[124] In tutte le tradizioni vi è il paradigma dell'essere cosmico e del fatto che ogni specie animale rappresenti una parte del suo corpo; ciò mostra ancora la coesistenza delle specie e non a caso la Paleontologia ci racconta sempre la ciclica *apparizione di interi gruppi di esseri viventi.* Nell'ordine cosmico ogni parte ha senso se legata a tutte le altre. Per questo l'evoluzione dalla cellula all'uomo è un pessimo mito: non può rendere conto dell'unità complessa del tutto. Quindi vi sono modi molto complessi di ipotizzare l'apparizione della vita, ben al di là di un evoluzionismo materialista e al di là di un creazionismo biblico oscuro. Oggi la fisica scopre che l'intero cosmo ha una struttura geometrica perfetta e tale geometria è la stessa presente nei *Mandala* e negli *Yantra* vedici.[125] Gli scienziati Paolo de Bernardis dell'Università di Roma e Andrew Lange del California Institute of Technology hanno scoperto il "suono" del Big Bang; ciò è stato possibile studiando le armoniche delle onde primordiali (cioè i 'picchi' registrati nel gas primordiale); le armoniche così rilevate ci rimandano, a detta degli stessi scienziati, ad un *flauto cosmico*, nel quale le onde sonore pari alla lunghezza dello strumento (circa 300.000 anni luce) hanno in seguito armoniche di lunghezza pari alla metà, ad un terzo e così via… Tale scoperta conferma ciò che la *Sri Brahma-Samhitā* suggerisce da millenni:

"Allora Gāyatrī, madre dei *Veda,* resa manifesta o rivelata dal divino suono del flauto di Sri Krishna, entrò nella bocca di loto di Brahmā… […] Dopo aver ricevuto la Gāyatrī scaturita dalla melodia del flauto di Sri Krishna, il Brahmā […] …venne a conoscenza della distesa oceanica della verità."[126]

Finalmente lo strappo tra scienza e spiritualità è superato, a

124. A. Daniélou, *op. cit.,* pag. 283.

125. Ho già mostrato la coincidenza della struttura E8 scoperta dai fisici con il Gopala Yantra. Cfr. V. Bellucci, *Il benessere attraverso l'ayurveda,* Editoriale Programma, Treviso 2013.

126. *Sri Brahma-Samhita, op. cit.,* pp. 44-45.

patto che i materialisti abbandonino i loro falsi miti e leggano con attenzione i testi vedici. Comunque anche un esoterista cristiano propose una visione simile; così Rudolf Steiner descrive la manifestazione degli esseri viventi e dell'uomo:

Gli zoologi e i naturalisti si stupiranno davvero quando vedranno in che modo complesso venne formato dal mondo spirituale tutto quanto essi fanno ora comparire nei libri, semplicemente negli alberi genealogici, senz'altro giusti sotto un certo aspetto, ma così astratti e a loro modo graziosi. Quel che essi pensano affine, si è attuato a volte dai più diversi aspetti spirituali ad opera di correnti spirituali molto complesse. In realtà non ci è permesso presentare quelli che nella zoologia chiamiamo mammiferi come oggi vorrebbe farlo la zoologia darwinistica. Non è proprio lecito credere che si possa tirare una linea dritta dai mammiferi più semplici fino ai più complessi. [...] ... forze spirituali agivano in effetti sulle anime di gruppo e quindi sulla figura fisica. Animali come il leone cominciarono ad agire sulla terra solo verso l'epoca atlantica... [...] La complessa figura umana si è realizzata perché sull'uomo non intervenne soltanto un'unica corrente, ma diverse correnti in successione. [...] L'uomo è sceso sulla terra in modo da lasciar agire su di sé tutte queste correnti.[127]

Steiner non era un folle uscito da un manicomio, ma uno studioso noto a livello europeo per i suoi lavori sul Goethe naturalista e scienziato; inoltre era un uomo geniale: filosofo, poeta, pittore, architetto, pedagogista, in tutto il mondo esistono le scuole steineriane, note per la loro straordinaria qualità ed esiste l'agricoltura bio-dinamica, utilizzata con successo in ogni paese... Quando Steiner parla delle *origini* lo fa in modo non-materialista, mettendo in primo piano l'intervento di intelligenze cosmiche; l'apparizione dei vari esseri viventi, uomo compreso, dipende non da una evoluzione materiale ma da una evoluzione spirituale, della coscienza, che si manifesta in forme fisiche differenti a seconda delle varie epoche. Le correnti spirituali, che potremmo paragonare a campi energetici informativi, hanno

127. R. Steiner, *Meraviglie del Creato...*, Editrice Antroposofica, Milano 1993, pag. 161, 162 e 163.

plasmato le forme degli organismi e senza un'anima *discesa* nessuna vita sarebbe mai apparsa... Questa visione non differisce molto, se non nella terminologia, da quella dei *Purāna*, dove il grossolano deriva dal sottile, dove è la forma-archetipo la vera causa delle entità materiali. Dio non interviene direttamente in questo dispiegamento, poiché il cosmo è affidato a forze intelligenti relativamente autonome. Questa visione è molto più accettabile della visione, palesemente falsa, che ci offre la scienza materialistica. Si dirà: che prove ci offrono? *La prova della Tradizione.* Non ha più valore una tradizione basata su un paradigma corretto piuttosto che un mito che viene spacciato per scienza? L'evoluzionismo materialistico non solo non ha prove ma è in contrasto con una visione della realtà in linea con la fisica più avanzata. Per comprendere la visione spirituale della realtà occorre sviluppare la *propria coscienza spirituale.* In tal senso la cultura vedica propone da millenni la scienza dello yoga. Ma fin quando la scienza dogmatica continuerà ad affermare, senza alcuna prova, che la coscienza è solo un fenomeno materiale, non sarà possibile cogliere insegnamenti diversi a proposito della realtà del microcosmo e del macrocosmo.

CAPITOLO 8
IL SENSO DI UNA VARIETÀ SMISURATA

> È dall'incontro tra la bellezza e la scienza, tra una bellezza forte che si manifesta e una scienza che ha il coraggio di rompere troppo rozzi schemi e vecchi paradigmi, che potrà nascere un pensiero della bio-diversità, un pensiero desideroso di aprire sempre nuove porte...[128]
>
> Enzo Tiezzi

Perché tutta questa varietà? Perché tanta, smisurata, bellezza? A tali domande l'evoluzionista non sa e non vuole rispondere. Eppure la bellezza è lì, di fronte a noi. Perché ogni essere vivente *appare* come un vero e proprio capolavoro d'arte? La scienza materialistica, che nega dogmaticamente la progettualità della vita, *è cieca di fronte alla bellezza di ogni specie.* Ed una scienza cieca di fronte alla bellezza è una falsa conoscenza, una alienazione. Pochi scienziati si sono posti il *problema della forma.* Come notava giustamente Sermonti:

> Spirali si trovano nella disposizione delle foglie, delle bratte e delle infiorescenze di molte piante. Spirali come quelle del fiore del girasole o di una pigna sono generalmente composte di elementi disposti secondo la famosa serie di Fibonacci... [...] Le forme biologiche non sono quindi strutture accidentali, risultato di Errori Tipografici, prescelte per la loro utilità. Esse sono limitate e composte dalle leggi fisiche e matematiche che le regolano, così che la forma di un organismo è

---

128. E. Tiezzi, *La bellezza e la scienza,* Raffaello Cortina Editore, Milano 1998, pag. 150.

come un *diagramma di forze.* [...] L'opera di D'Arcy Thompson è un canto alla bellezza senza scopo, all'armonia senza profitto. La stessa armonia che egli vede negli svariatissimi ma regolari cristalli esagonali di neve, la ritrova nelle simmetrie dei radiolari, e come non v'è un fine nei fiori di neve, egli non vede un fine nelle forme dei gusci... [...] La negazione della teleologia e il richiamo alle forme pure e necessarie porta D'Arcy Thompson a formulare una versione moderna di pitagorismo. Egli si ricollega così allo 'strutturalismo' che il von Baer formulò muovendo dalla filosofia goethiana e schellinghiana. [...] Le geometria della vita non si evolve, pure se il mutare delle cose può evocare ora queste ora quelle forme...[129]

L'intera realtà è strutturata secondo modelli, archetipi, ben precisi; *non esiste il caso nella geometria della vita.* Gli archetipi dei viventi sono perenni e ciclicamente si manifestano. Anche la fisica ha scoperto che l'intera realtà fisica è basata su una struttura geometrica perfetta, armonica.[130] D'Arcy Thompson fu un pioniere nella questione della forma in campo biologico, e seguirono studiosi come Prigogine e Thom; Palmarini nota in proposito:

...nacque un acceso dibattito fra Prigogine e Jacques Monod, in cui la pietra angolare del disaccordo era la contrapposizione fra ruolo della selezione naturale e ruolo della morfogenesi spontanea. [...] Alleato prestigioso di Prigogine è stato il matematico francese René Thom... [...] ... c'è un ritorno delle leggi della forma in biologia, ed è ragionevole pensare che la tendenza si accentui negli anni a venire. I fenomeni che sono stati scoperti rappresentano sfide serie e diversificate all'adattamentismo gradualista e al neo-darwinismo.[131]

In questa sfida il neo-darwinismo esce sconfitto, come ipotesi da abbandonare; le forme biologiche non sono il risultato di

129. G. Sermonti e R. Fondi, *op. cit.,* pag. 113, 115, 116 e 117.

130. Cfr. *Una geometria del tutto,* di A. Garret Lisi e J. Owen Weatherall, *Le Scienze n. 510, febbraio 2011,* pag. 57.

131. M. Piattelli Palmarini e J. Fodor, *op. cit.,* pag. 93 e 95.

tentativi casuali e graduali, ma la manifestazione di un archetipo, di un *logos della natura.* Non a caso il matematico Thom scrisse un saggio su Goethe[132], riconoscendone le notevoli intuizioni scientifiche. Ma la scienza goethiana non è materialista; pochi hanno realmente compreso il senso della polemica di Goethe verso Newton, così espresso dallo stesso genio di Weimar: "In quanto matematico, Newton gode di fama così eccelsa che il suo assurdo errore - quello cioè di aver considerato la luce chiara, pura, perpetuamente limpida, come un sistema di luci oscure - si è mantenuto fino a oggi; e non sono forse i matematici che difendono tuttora questa assurdità, ripetendola come farebbe il più volgare ascoltatore, con parole che non consentono di pensare?"[133] Per Goethe nessun fenomeno, non solo la luce, si può *ridurre* ad una visione meramente quantitativa, materialistica e meccanica; la scienza che ignora la vita, la *coscienza,* è il dogma che oggi la comunità continua a ripetere "con parole che non consentono di pensare"... Nei suoi studi sugli animali e sulla loro morfologia Goethe scrisse:

> ... tutti gli esseri organici più complessi, fra cui i pesci, gli anfibi, gli uccelli, i mammiferi e, al sommo di questi, l'uomo, sono formati secondo un archetipo che solo varia in misura maggiore o minore nelle sue parti più costanti... [...] ...per quanto gli animali possano, nell'insieme, essere simili, certe singole parti presentano forme profondamente diverse... [...] Il singolo non può mai essere il modello dell'insieme... [...] Meno che mai è lecito elevare l'uomo a modello degli altri animali...[134]

---

132. Cfr. AA. VV. *Goethe scienziato,* Einaudi, Torino 1998, pp. 253-298. [La raccolta contiene anche uno splendido saggio del genetista Sermonti]. Nel suo saggio Thom riconosce che la biologia deve avere il coraggio di tornare all'idea di archetipo o forma originaria se vuole comprendere realmente il problema della morfogenesi. Goethe non fu uno scienziato 'dilettante' ma intravide il futuro di una scienza sana, in grado di riunire tutti gli aspetti dell'essere umano: fisico, mentale e spirituale.

133. J. W. Goethe, *Massime e Riflessioni,* TEA, Milano 1983, pag. 241.

134. J. W. Goethe, *Metamorfosi degli animali,* SE, Milano 1986, pag. 57 e 58.

Goethe riconobbe, e non fu il solo, la grande parentela fra tutti gli esseri del mondo animale, ma non cadde nella trappola ideologica di *credere che un animale sia derivato dall'altro*... Tale idea era già presente in diversi uomini tra sette e ottocento: "Affascinato da una simile idea, Camper osò trasformare sulla lavagna, a colpi di gesso, il cane in cavallo, il cavallo in uomo, la mucca in uccello..."[135] Questo gioco delle idee va avanti da più di un secolo e gli evoluzionisti hanno semplicemente continuato come Camper a *credere in una idea, oggi scientificamente insostenibile,* trasformando la lavagna in simulazioni al computer... Ma Goethe aveva una visione più profonda e matura e comprendeva ciò che la scienza materialista nega: *l'intelligenza e lo scopo nella natura.* Infatti scrive:

> ...analizziamo dunque il braccio dell'uomo e gli arti anteriori dell'animale. [...] Nella loro serenità i greci attribuivano alla natura un'intelligenza amorevole. [...] Essa ha dotato gli animali più forti di artigli e corna, i più deboli di agili zampe, mentre ha conferito all'uomo il particolare privilegio di una mano in grado di agire in vari modi... [...] È dunque facile capire per quale scopo il dito medio è più lungo degli altri. [...] ... l'avambraccio dell'uomo, il suo collegamento con la mano, e i prodigi che qui si compiono. Non v'è nulla di spirituale che non ricada in questa orbita.[136]

Per Goethe non si comprenderà mai nulla della natura se sfugge lo scopo spirituale della vita organica, infatti l'archetipo originario è servito per *progettare esseri diversi e con diversi scopi.* Tutto nell'essere umano manifesta un *telos* che lo separa in modo abissale dagli animali, poiché nella *forma umana* la coscienza può raggiungere uno scopo che nelle altre forme non può nemmeno concepire. La millenaria conoscenza vedica così lo esprime: "Come è affermato nel *Brahma-vaivarta Purāna,* un processo di evoluzione graduale esiste, ma non è il corpo che si evolve. Tutte le forme corporee esistono già. È l'essere spirituale,

135. *Ivi.,* pag. 57.

136. *Ivi.,* pag. 100.

la scintilla spirituale all'interno del corpo che, mediante le leggi della natura e sotto il controllo di autorità superiori, si eleva. [...] L'essere vaga nelle diverse forme corporee, attraverso differenti pianeti... "[137] Secondo la grande tradizione vedica non utilizzare la forma umana per liberarsi dal ciclo di nascita e morte è un colossale spreco: "...situandoci nella nostra vera identità spirituale ci liberiamo da tutte le contaminazioni materiali nel fuoco ardente del *samādhi,* ossia nell'estasi dello *yoga.*"[138]
Lo yoga autentico[139] non è fede ma pratica con risultati precisi e documentati. Esistono numerosi studi scientifici che dimostrano come la pratica dello yoga, se condotta in modo serio, liberi l'essere umano dai vari condizionamenti materiali, come dipendenza da droghe e depressione.[140] Gli scienziati materialisti purtroppo ignorano questa grande tradizione e vivono come esseri del tutto condizionati... e propongono una visione della realtà povera e senza possibilità di una autentica libertà.

Quindi le forme viventi non sono un caso, ma rientrano in

---

137. Srila Bhaktivedanta Swami Prabhupada, cit. in *Srimad-Bhagavatam, Canto 4, cap. 24, v.73,* BBT, Firenze 1984, pag. 1098, 1099.

138. *Ivi.,* pag. 137.

139. Per chi volesse approfondire lo yoga consigliato per l'uomo attuale: Cfr. V. Bellucci, *Lo yoga devozionale indiano,* Xenia, Milano 2011.

140. D. B. Wolf, *Examining the Effects of Meditation Techniques on Psychosocial Functioning,* Social Work Practice, Gennaio 2003, vol 13, n.1, p. 27-42. Lo studio ha rilevato una efficace riduzione per quanto riguarda lo stress e la depressione, anche grazie alla dimensione spirituale che riguarda il mantra stesso. Esso ha dunque una valenza psico-sociale molto profonda. Altri studi scientifici che provano gli effetti positivi della meditazione mantrica sono: L. Aftanas & S. Golosheykin, *Impact of regular meditation practice on EEG activity at rest and durino evoked negative emotions,* International Journal of Neuroscience, 2005, 115 (6), p. 893-909.
Molto interessanti gli studi della dott.ssa Jill E. Bormann sul Gayatri-mantra e la riduzione dello stress in coloro che lo recitano ogni giorno. Cfr. J. E. Bormann & D. Oman, *Mantra or holy name repetition: Health benefits from a portable spiritual practice,* in T. G. Plante & C. Thoresen, *Spirit, science and health: How the spiritual mind fuels physical wellness,* Westport, 2007, pp.94-112.

uno straordinario piano evolutivo per la coscienza; gli stessi scienziati sanno che è insostenibile parlare di 'ciechi tentativi':

> La conclusione è inevitabile: la forza che ha diretto queste leggi di scala invarianti non può essere stata la selezione naturale. È inconcepibile che così tanti organismi diversi, che fanno a capo a regni e phyla tanto differenti, possano aver 'tentato' alla cieca ogni genere di legge delle potenze e che abbiano potuto riprodursi e diffondersi solo quelli che per caso hanno 'scoperto' la legge delle potenze di un quarto. [...] I percorsi biochimici, il codice genetico, i percorsi dello sviluppo e (sì) la selezione naturale non possono aver plasmato queste geometrie.[141]

La parola *intelligenza* è sulla punta della loro lingua, ma non hanno il coraggio di pronunciarla... le ritorsioni degli altri scienziati sarebbe troppo pericolosa. Eppure Goethe aveva il coraggio scientifico di rilevare la profonda intelligenza che opera nelle geometrie straordinarie e bellissime che sono alla base dei viventi:

> ... ogni vivente può chiamarsi perfetto. [...] Salendo all'uomo, lo troviamo quasi del tutto sciolto dai vincoli dell'animalità; le sue membra ci appaiono in delicati rapporti di subordinazione e coordinamento; più delle membra di qualunque altro animale, esse sono soggette al volere, e attrezzate non solo a ogni specie di funzioni, ma anche all'espressione dell'anima.[142]

Ogni geometria, come sapevano i pitagorici, ha un significato spirituale e la geometria degli esseri viventi serve alla manifestazione della loro *coscienza.* Ecco il vero senso di tutta l'immensa varietà dei viventi, fino al culmine dell'essere umano, senso che si comprende attraverso l'esistenza di tutti i livelli di consapevolezza che la coscienza, come energia autonoma rispetto al corpo, attraversa. Il linguaggio umano è la prova evidente

---

141. M. Piattelli Palmarini e J. Fodor, *op. cit.,* pp. 96-97.

142. J. W. Goethe, *La metamorfosi delle piante,* Guanda, Parma 1983, pag. 133 e 134.

della falsità di ogni materialismo: la parola non nasce e non può nascere da una serie di tentativi casuali che portano dal grugnito alla *Divina Commedia.* Come nota giustamente Benjamin: "... il problema originario della lingua è la sua magia. La formula ben nota della magia del linguaggio rimanda ad un'altra: alla sua infinità. [...] ... ciò che si comunica *nella* lingua non può essere delimitato o misurato dall'esterno, e perciò è propria di ogni lingua una incommensurabile e specifica infinità."[143] Ed è nell'enigma del linguaggio umano l'enigma della *coscienza*; il linguaggio non è riducibile ad alcun meccanismo e ad alcuna necessità: la poesia crea, inventa, è pura invenzione, proprio come le forme viventi progettate dall'intelligenza (o intelligenze) cosmiche. Infatti:

> La presenza, anomala quanto inattesa, di un alfabeto in ogni creatura vivente potrebbe suggerire la possibilità di un simile argomento in biologia. È il DNA, naturalmente, a fungere da testo primordiale della vita... [...] Come nel caso del linguaggio, ciò che un tempo ha avuto vita occupa solo un angolo dello spettro più ampio delle possibilità, in cui il presente vive all'ombra del possibile.[144]

E tale possibilità è legata ad una creatività, espressione di *intelligenza*; accettare le sciocchezze degli evoluzionisti che parlano di forze cieche che senza alcuno scopo manifestano la complessità della vita è come *eliminare Dante e affermare l'esistenza di una Divina Commedia nata da delle lettere che ciecamente si sono auto-organizzate...* Come accettare una simile idiozia? Eppure il paradigma materialistico dominante afferma proprio queste assurdità. Solo che le conseguenze di una tale ideologia sono devastanti; una *Divina Commedia senza Dante non ha alcun senso, nessun valore... come una vita senza scopo, senza progettualità.* Esistono scienziati che stanno

143. W. Benjamin, *Metafisica della gioventù. Scritti 1910-1918,* Einaudi, Torino 1982, pag. 179.

144. D. Berlinski, *Darwin è confutabile,* in AA. VV., *Voci fuori dal coro, op. cit.,* pag. 400 e 401.

cercando altre modalità per comprendere la comparsa della vita e la sua incredibile varietà; concordo in pieno con Fondi[145] quando fa riferimento agli studi del biologo Adolf Portmann il quale afferma:

> Negli animali le parti superficiali, che pur crescono l'una in modo indipendente dall'altra, fin nei dettagli della loro formazione sono finalizzate a realizzare una figura completa e organicamente unificata.[146]

Ogni animale è la manifestazione di un archetipo, di un'idea creativa; il mero caso non ne spiega l'esistenza e ci impedisce di comprendere l'aspetto estetico della realtà naturale; per Portmann ogni forma vivente non si può ridurre ad un mero meccanismo utile alla sopravvivenza, ma c'è ben altro, c'è una finalità *espressiva, artistica.* Nell'essere umano, in particolare:

> La biologia, nella misura in cui non si isola dal complesso dell'attività spirituale contemporanea per servire dogmi politici o sociali, è sempre più incline a ritenere che [...] lo spirito [la coscienza] sia un connotato iniziale del sistema umano e non una funzione secondaria sviluppatasi tardivamente.[147]

In sostanza l'uomo primitivo è una favola, un mito ideologico e colonialista, come notava il grande etnologo Jean Servier:

---

145. Roberto Fondi propone la visione di una natura armonica e archetipica, citando anche i lavori sull'armonica di Hans Kayser, il quale notò che il cosmo intero rispetta le stesse strutture armoniche della musica. In tal senso ogni essere vivente è come una melodia unica e insostituibile; l'intera realtà, come diceva Pitagora riprendendo la visione dei *Veda,* è una grande armonia musicale. Ha senso, però, parlare di musica cosmica senza musicisti e compositori?... L'*Om* è un suono spirituale che manifesta ogni realtà, ma non sorge per caso... i *Purāna* ci illustrano un'intera scienza del suono divino.

146. A. Portmann, *Animal Forms and Patterns,* Schocken Books, 1967, pag. 218.

147. A. Portmann, *L'arte nella vita dell'uomo,* in AA.VV., *Dibattito sull'arte contemporanea,* Comunità, Milano 1954, pag. 135.

...nulla ci permette di parlare di «società primitive» le cui strutture sarebbero inferiori alle nostre istituzioni. Il fatto che noi le abbiamo trasformate o distrutte non significa che le abbiamo portate a un qualsiasi progresso. Il sistema dei clan australiani è complesso e perfetto quanto la monarchia costituzionale britannica...[148]

Basterebbe leggere un testo di millenni fa, come lo *Śrimad-Bhāgavatam,* per trovare descrizioni di civiltà avanzate e complesse, sin dalle origini dell'uomo... Il mito del progresso è una favola per adulti che vogliono ingannare se stessi e gli altri, schiavi di una visione della realtà separata dal cosmo, un cosmo perfettamente organizzato per la vita e per l'essere umano, e non solo su questo pianeta... Gli animali sorgono perfetti e possono subire delle modificazioni per minime variazioni ambientali, ma anche tali cambiamenti sono possibili grazie alle informazioni *già presenti nel loro codice genetico.* Certo, le civiltà che si susseguono sono differenti, come le specie animali, ma ognuna di esse è *una forma perfetta, autonoma ed espressione di uno scopo ben preciso.* Mediante il recupero di una scienza spirituale la società potrà ritrovare una visione sana dell'universo e della natura, dopo aver abbandonato i dogmi del materialismo e le favole evolutive... Ma la scienza materialista fa parte di un quadro degenerativo molto più ampio, storicamente parlando; come scrisse Marcel de Corte:

...un tema unico: l'odio che l'uomo d'oggi prova contro se stesso... [...] ...prosternato nell'adorazione di entità con la maiuscola, come Popolo, Razza, Libertà, Storia, Evoluzione, proiezioni di un pensiero senza carne, pure e semplici imitazioni della semplicità del vero...[149]

Come spiegare altrimenti il successo di simili ideologie spacciate per scienza senza accorgersi di una degenerazione dell'uomo moderno, incapace di semplice buon senso, di un rapporto non alienato con sé, con gli altri, con la natura e col sacro? Anche

---

148. J. Servier, *L'uomo e l'invisibile, op. cit.,* pp. 382-383.

149. M. de Corte, *op. cit.,* pag. 7 e 9.

'Dio' è stato usato come idolo per distruggere e manipolare; ma il sacro, la spiritualità autentica, rifiutano questa idolatria delle lettere maiuscole... Un ritorno alla bellezza di ogni entità vivente potrebbe esserci di aiuto per curare il malessere della modernità e potrebbe curare una scienza degenerata in dogma. Lascio la conclusione al poeta-scienziato:

> La cosa migliore, perciò, è che, quando consideriamo gli oggetti, siamo coscienti di essi e che, quando vi pensiamo sopra, siamo quanto più possibile coscienti di noi stessi. Dalla natura, da qualunque parte la si contempli, scaturisce l'infinito.[150]

150. J.W. Goethe, *Aforismi sulla natura,* SE, Milano 1994, pag. 88.

CAPITOLO 9
ALCUNI ESEMPLARI STRAORDINARI

> ...il parallelo fra selezione artificiale e selezione naturale, così centrale nella teoria di Darwin, non regge. [...] ... alcuni [...] restano nell'alveare, in attesa che i primi ritornino a comunichino le informazioni raccolte, mediante la famosa 'danza delle api'. [...] Le api risultano [...] nel punto ottimale della curva dei rapporti possibili fra cercatori proattivi e reattivi... [...] Ancora una volta, oggi nessuno ha davvero idea di quale possa essere la soluzione.[151]
>
> M. P. Palmarini

> ... animali che sfuggono a ogni classificazione, per i quali bisogna aggiungere all'ultimo minuto un ramo avventizio troncato dal Mitico grande Albero dell'Evoluzione.[152]
>
> J. Servier

L'intera natura è imbarazzante per gli evoluzionisti e per i loro favolosi alberi evolutivi, ma esistono alcuni esemplari che neppure loro riescono a 'spiegare' con le loro fantasie più sfrenate. Un esempio è il 'pesce lanterna' (*Melanocetus johnsonii*) che vive negli abissi, illuminandoli con una sorta di lanterna:

Può il neo-darwinismo spiegare una graduale formazione di una 'lanterna naturale'? Nessuno tipo di evoluzionismo può farlo, dato che la bio-luminescenza che il pesce produce deriva da una

---

151. M. Piattelli Palmarini e J. Fodor, *op. cit.,* pag. 77, 102-104.

152. J. Servier, *op. cit.,* pp. 22-23.

complessa reazione chimica, simile a quella delle lucciole. Ma come spiegare un "salto" evolutivo in grado di produrre uno strumento supercomplesso come tale lanterna? Dire che non è stato progettato è assurdo come negare la progettazione di un lampione da strada... considerando che il lampione è molto più semplice da progettare...

Poi abbiamo un "coleottero bombardiere" (*Brachininae Bonelli*) che spruzza un getto bollente di liquido e vapore per proteggersi da ragni, uccelli e altri animali. Tale coleottero è lungo meno di due centimetri ed è provvisto di ghiandole che si aprono all'estremità dell'addome; ogni ghiandola ha una vescicola dove si concentrano dell'acido e del perossido di idrogeno e ha una "camera di reazione" dove si trovano enzimi disciolti in acqua. Il risultato di questa straordinaria arma di difesa è un getto di acqua, vapore e sostanze chimiche nocive che raggiungono i 100° C. Oggi molti studiosi stanno analizzando questo coleottero per realizzare nuove apparecchiature; addirittura uno studioso dell'Università di Leeds, Inghilterra, ritiene che il meccanismo di combustione del coleottero possa essere utile per "riaccendere i motori degli aerei".[153] Come può un simile meccanismo di combustione naturale essersi formata un po' alla volta e per caso?

153. *Quando i jet copiano dai coleotteri,* Focus, 11 febbraio 2004.

Questa è una *supercomplessità* che deriva da una progettazione geniale. Ogni persona razionale e senza pregiudizi è in grado di riconoscerlo. Addirittura il meccanismo di spruzzo viene oggi studiato per poter essere applicato ai satelliti spaziali... Progetti copiati da altri progetti, come ogni logica insegna.[154] Le descrizioni di Dawkins sono talmente assurde da esemplificare l'estrema impotenza degli evoluzionisti. Difenderle sarebbe come affermare che un lanciafiamme si è "evoluto gradualmente, per vari tentativi casuali"... Ma l'ideologia è sempre un filtro che impedisce di scorgere l'evidenza della realtà. Il fatto stesso che gli evoluzionisti tentino di trovare spiegazioni ridicole per convincere il grande pubblico denota la loro malafede; temono che la società possa smettere di *credere* nel Mito dell'evoluzione. Ecco lo spruzzo del coleottero in azione:

Gli evoluzionisti non comprendono bene il concetto di complessità legata al progetto, eppure il biochimico Behe lo spiega in modo chiaro: "Che cos'è un 'progetto'? Un progetto è semplicemente *l'intenzionale organizzazione delle parti.* [...] La vita sulla Terra, al suo livello più basilare, nelle sue componenti più critiche, è il prodotto di un'azione intelligente. [...] Con l'aumentare del numero o della qualità delle parti di un sistema

154. Cfr. H. Rue, *Bomby the Bombardier Beetle,* 1984.

interattivo, aumenta anche la forza della nostra valutazione di progettualità."[155] È proprio qui l'abisso che divide scienziati che usano il pensiero deduttivo e scienziati legati al dogma evolutivo; gli evoluzionisti negano *a priori* qualsiasi *intenzionalità* nella natura. Nessuno nega l'intenzionalità vedendo un dipinto, una scultura o una città, ma di fronte al pesce lampada e al coleottero bombardiere, non meno complessi e intenzionali, la negazione avviene. Perché? È bene ricordare che solo in tempi recenti tale negazione è diventata *sistematica,* mentre nei secoli passati solo gli atomisti negavano l'evidenza della progettualità in natura... Ma oggi sappiamo, grazie alla fisica più avanzata, che l'atomismo materialista è falso. La coscienza, l'intelligenza, sono presenti anche a livello sub-atomico. Il fisico David Bohm lo notava a proposito dell'elettrone: "Un elettrone è più come una persona che si comporta in modo diverso se sa di essere osservata. [...] L'elettrone ha questo campo sottile, che è veramente un campo di informazione attiva, che lo guida. La parola 'sottile' significa 'elusivo', 'intangibile', ma anche 'finemente interconnesso'. [...] Potremmo dire che questo campo elettronico sottile ha una qualità mentale..."[156] Anche nel mondo dell'accademismo della fisica la visione di Bohm è stata però rifiutata, poiché riconosceva l'esistenza di una intelligenza energetica, *reale,* ma non materiale. Se l'elettrone è guidato da una intelligenza, perché i fenomeni della vita non dovrebbero esserlo? Il problema è nel paradigma. Fin quando la comunità scientifica non deciderà di abbandonare il paradigma del meccanicismo materialista e *incosciente,* l'evidenza del progetto negli esseri viventi verrà sempre negata. Ma una tale scienza si trova ad un vicolo cieco. Feynmann nota onestamente: "Supponiamo di accettare questa ipotesi, che all'interno dell'elettrone c'è un qualche meccanismo che determina la sua traiettoria. [...] Ma abbiamo verificato sperimentalmente che non succede così, e nessuno è riuscito a trovare una via d'uscita a questo rompicapo. [...] È tutto molto

155. M. Behe, *op. cit.,* pag. 250 e 257.

156. D. Bohm, *Intervista rilasciata al New Age Journal numero di Settembre (1989),* ripubblicata da *Re nudo*, n. 3 (2009), pp. 23-24.

misterioso, e più si osserva più misterioso diventa."[157] David Bohm trovò una soluzione e la codificò matematicamente attraverso il *potenziale quantico*, ma la comunità scientifica lo ha isolato, come isola tutti gli scienziati che si *permettono* di inserire la coscienza, l'intelligenza, nella materia, come sua guida... Non mi sembra un comportamento molto intelligente negare il disegno intelligente! Eppure la maggior parte degli scienziati continua a farlo, soprattutto in merito alla vita, affermando: "DI [disegno intelligente] non fa alcuna previsione, verificabile o di altro genere; tutte le sue previsioni sono *a posteriori*. La difficoltà è che non c'è modo di dire in anticipo per quale tipo di mondo possa optare un progettista intelligente."[158] Ma la stessa cosa accade a livello sub-atomico: "... ora come ora dobbiamo limitarci a calcolare probabilità. Diciamo «ora come ora», ma è forte il sospetto che questa limitazione ci perseguiterà per sempre, che è impossibile risolvere il rompicapo, e che la natura è proprio così."[159] Ma nessuno si è permesso di dire che la fisica sub-atomica non è scienza perché può darci solo delle *probabilità*. Feynman tocca un tasto dolente per la scienza in generale: i limiti della sua applicabilità. Lo scientismo non accetta limiti, crede nel dogma di una conoscenza perfetta, assoluta, ottenuta, però *con mezzi umani, limitati e imperfetti*... Pascal, grande scienziato e *poi* grande mistico, era più onesto. La fisica dello studio infinitesimale della materia ci ha mostrato i limiti dei nostri strumenti empirici e matematici; la biologia ha fatto altrettanto studiando la vita, ma sono pochi gli scienziati che hanno il coraggio di ammettere che "la natura è proprio così", progettata da una intelligenza ben superiore alla nostra. Servier notava: "Nella nostra civiltà materialista, la visione di un mondo rigenerato dalla scienza ha sostituito quella della Terra Promessa. Il progresso tecnico-scientifico ha ritrovato le tre tappe della mistica ebraica... [...] Se riflettiamo su questi secoli di scientismo, ritroviamo la stessa affermazione d'infallibilità che

157. R. P. Feynman, *Sei pezzi facili,* Adelphi, Milano 2000, pag. 200 e 187.

158. M. Piattelli Palmarini e J. Fodor, *op. cit.,* pag. 164. (in nota)

159. R. P. Feynman, *op. cit.,* pag. 200.

Freud attribuiva alla religione. [...] Le premesse materialistiche della scienza sono state poste una volta per tutte, escludendo Dio dall'universo, l'anima immortale dal corpo... [...] La vita deve scaturire dalla materia, fatto che elimina automaticamente ogni necessità di un superiore atto creatore; l'uomo è stato plasmato da una lenta trasformazione della materia, è frutto dell'evoluzione, dall'ameba primordiale all'individuo adulto, bianco e civilizzato: il tipo occidentale, che si vede in tal modo sollevato da tutte le angosce e ricompensato per aver abbandonato la sua anima."[160] Ma è stato come cadere dalla padella nella brace... da un fanatismo ad un altro; oggi, grazie ai sacerdoti-scientisti, l'uomo è intrappolato in un incubo fornito di tutti i *comfort*; se è depresso può drogarsi con gli psicofarmaci, se vuole eccitarsi può diventare schiavo delle droghe sintetizzate chimicamente; se vuole dimenticare l'angoscia della morte c'è un intero apparato tecnologico di evasione, di fuga dalla realtà... Alcuni potrebbero dire: ma non è meglio questo delle religioni dogmatiche che hanno messo al rogo milioni di persone? La risposta è: *esiste un modello di civiltà che non è né religioso-dogmatico né scientista...dove l'essere umano vive in armonia con la natura ed è in possesso di una conoscenza interiore dove spiritualità ed esattezza matematica si incontrano.* Ho analizzato in un mio saggio[161] questo modello sociale, come valida alternativa alla società attuale, infelice ed autodistruttiva.

Per concludere questa piccola rassegna di esemplari straordinari vorrei citare il granchio limulus (*Limulus polyphemus*) che viene considerato un autentico 'fossile vivente', poiché è rimasto del tutto immutato negli ultimi 210 milioni di anni... questo granchio possiede un apparato visivo in grado di fornire una visione notturna superiore a quella ottenuta dai moderni strumenti tecnologici ad uso militare... Non possono essere considerati occhi "primitivi" e sono del tutto inspiegabili secondo il modello evolutivo. Questo granchio può benissimo sopravvivere con una

---

160. J. Servier, *Storia dell'utopia,* Mediterranee, Roma 2002, pag. 261, 262 e 263.

161. Cfr. V. Bellucci, *Le strutture sociali del varnashram-dharma,* Solfanelli Editore, Pescara 2014.

visione notturna meno potente e complessa; perché ha una simile capacità? Nessuna risposta dagli evoluzionisti. Il progettista si è sbizzarrito con questo esemplare, infatti il suo sangue ha un altro colore: diventa azzurro a contatto con l'aria, poiché in esso è presente l'emocianina, che ha le medesime funzioni di trasporto dell'ossigeno che ha l'emoglobina. Perché non ha lo stesso tipo di sangue degli altri scorpioni (è imparentato con loro più che con i granchi)? Nessun evoluzionista lo sa.

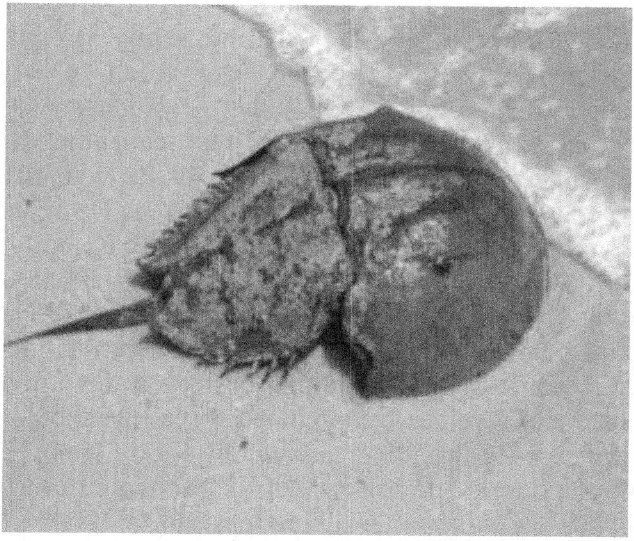

Gli evoluzionisti *ipotizzano* che il Limulus sia l'evoluzione di un tipo di scorpione, ma non hanno nessuna prova, come sempre... Inoltre il Limulus non è l'unico caso di animale che sia ancora tra noi dopo centinaia di milioni di anni, senza la minima variazione: "Le specie si mantengono stabili, talvolta per milioni di anni - a dispetto delle offese della mutazione e delle spinte della selezione - e poi si estinguono. [...] Pensiamo poi alla *Lingula,* un mollusco bivalve del *phylum* dei brachiopodi; alcune sue specie sono rimaste quasi immutate dall'origine degli animali pluricellulari, per 450 milioni di anni."[162] La vita è stabile, ogni specie resta tale. Le piccole variazioni rientrano sempre nella tipologia, nell'archetipo fondamentale dell'essere vivente; la genetica ha dimostrato che la microevoluzione è possibile (cambiare colore delle piume, della pelle, ecc.), ma "la macroevoluzione è davvero un vicolo cieco".[163] Nessuna specie si trasforma in un'altra. E quando vi sono delle grandi estinzioni, nuove specie vengono progettate e si manifestano: "L'apparizione improvvisa della fauna Cambriana; l'ascesa e il declino degli ammonoidi, dei mammiferi primitivi e dei trilobiti; la diffusione esplosiva delle angiosperme; le migrazioni in tutto il globo dei mammiferi..."[164] Neppure l'ombra dell'evoluzione... Negli anni '70 S. J. Gould e N. Eldredge proposero la teoria degli equilibri punteggiati per cercare una scappatoia di fronte alla totale assenza di documentazione fossile riguardante la transizione da una specie all'altra; questa strana teoria *ipotizza, senza alcuna prova concreta,* che le specie ad un certo punto si siano evolute molto velocemente (200.000 / 300.000 anni) non lasciando così un segno geologico evidente...In realtà gli evoluzionisti riconoscono così l'intera montatura della teoria, che, non essendo supportata da reperti deve inventarsi un cambiamento "veloce". Ma come può in qualche centinaio di millenni una specie diventare un'altra se ciò non è stato osservato neppure negli strati fossili di centinaia di milioni di anni? Su che base queste teorie propongono tali favole? Come notano gli studiosi seri: "La loro concezione, secondo cui l'evoluzione sarebbe caratterizzata non da 'gradualismi filetici', ma da 'equilibri punteggiati' (*punctuated equilibria*), non ci è, per la verità, ancora troppo chiara; ma non ci sembra affatto che possa essere definita una concezione *evoluzionistica*."[165] In realtà è stato il maldestro tentativo di salvare il neo-darwinismo, ormai insostenibile sia dal punto di vista Paleontologico che dal

162. G. Sermonti, *Dimenticare Darwin, op. cit.,* pag. 43.

163. Cit. in M. Piattelli Palmarini e J. Fodor, *op. cit.,* pag. 37.

164. Cit. in G. Sermonti e R. Fondi, *op. cit.,* pag- 157.

165. *Ivi.,* pp. 303-304.

punto di vista Genetico. Tutti questi scienziati sono i *credenti del caso,* infatti "di qui l'osservazione di Gould, che, se si facesse girare una seconda volta il nastro dell'evoluzione, molto probabilmente si otterrebbe qualcosa di diverso."[166] Si noti il "molto probabilmente", è davvero una prova assoluta! No, cari scienziati, gli universi materiali sono ciclici e *ad ogni ciclo la vita si manifesta e tutte le forme si manifestano*, per uno scopo. Il caso non esiste e neppure l'ideologia evoluzionista è casuale...

---

166. M. Piattelli Palmarini e J. Fodor, *op. cit.,* pag. 201.

CONCLUSIONI

Per quanto riguarda l'origine della vita... [...] Nessuno sa come questa sia potuta accadere. [...] ... sembra più semplice dire che la vita è comparsa una volta sola.[167]

Jérôme Lejeune, genetista

L'ala dell'insetto pone la scienza di fronte a un difficile problema. Né la dottrina di Lamarck sull'adattamento, né quella di Darwin sulla selezione, né quella della mutazione di De Vries possono spiegare in qual modo gli insetti vennero in possesso delle ali, dal momento che queste non sono trasformazioni di organi preesistenti... [...] Nell'insetto non esiste nessun organo che sia potuto diventare un'ala... [...] ... ecco improvvisamente comparire le ali e proprio nelle epoche più remote si presentano le più belle : nelle foreste del carbonifero volavano libellule con un'apertura d'ali di 75 cm.[168]

Fritz Kahn

167. J. Lejeune, *Il messaggio..., op. cit.*, pag. 86 e 87.

168. F. Khan, *Il grande libro della Natura, vol. II,* Hoepli, 1954, pag. 252.

La vita è uno spettacolo incredibile, e *nessuno scienziato sa spiegare come tale vita sia apparsa e perché sia così piena di varietà.*
Neo-darwinismo, evoluzionismi di altro tipo e ogni dogma religioso sono *pure ipotesi*... L'unico problema è che sono pochi gli scienziati che hanno l'onestà di riconoscere tale abisso... Il genetista Lejeune, scopritore del gene che provoca la sindrome di Down, affermava: "[la vita] non è potuta accadere per caso e per selezione, perché non avrebbe avuto luogo. [...] È assurdo supporre che il cervello umano sia nato per tentativi ed errori, quanto lo è supporre che i pezzi smontati di un computer possano fabbricare essi stessi un piccolo IBM.
Ci deve essere per forza qualcos'altro.
E questa cosa si chiama informazione..."[169]

Il tema dell'*informazione* è il grande problema che la scienza che segue un paradigma materialistico non è in grado di affrontare; l'informazione non è fatta di atomi e molecole, ma si *esprime* attraverso essi; ma da dove viene tale informazione e perché? È chiaro che in tale tematica si inseriscono sistemi filosofici e religiosi di ogni sorta: Dio, il *logos* degli stoici, il *Brahman*... Eppure, nonostante ciò, lo scienziato libero dai dogmi del materialismo non può non affrontare tale aspetto decisivo. Ma una sola disciplina non è in grado di farlo... Occorre che biologia, fisica e filosofia tornino a collaborare, seriamente.
E occorre anche ritornare alle grandi tradizioni sacre vediche.
I *Purāna* ci offrono, come ho già mostrato, un orizzonte di senso dove il sacro e la ricerca della verità non si escludono mai... Occorre abbandonare il mito del *caso* per la pregnanza dello *scopo*.

Monod, come moltissimi scienziati, *credeva* nel concetto di *caso,* ritenendolo un "concetto scientifico"... anche a Mark Twain piaceva la parola "caso", pur trovandola priva di senso. L'acuto scrittore aveva compreso bene che *non tutte le parole hanno davvero senso, ma alcune di esse sono del tutto assurde.*

---

169. J. Lejeune, *op. cit.,* pag. 87.

Il problema sorge quando si cerca di dare un credito scientifico (o teologico, o filosofico) a queste parole.

Un'altra parola assurda? Il *Nulla.* Il filosofo Parmenide aveva compreso bene, molti secoli fa, che non ha alcun senso pensare il nulla, poiché *si può pensare solo qualcosa di esistente.*
Se uno scienziato riuscisse a dimostrare l'esistenza del puro nulla avrebbe dimostrato sempre e comunque l'esistenza di qualcosa... Eppure vi sono fisici e cosmologi che continuano a ripetere, con totale sicurezza e dogmaticità, che l'universo proviene dal *nulla*... Così come vi sono altri scienziati, i biologi, che affermano tranquillamente che la vita è sorta per *caso*... I Sofisti greci avevano capito che le parole hanno un grande potere psicologico e sono in grado di "fare smettere la paura, eliminare il dolore, infondere gioia, aumentare la compassione".[170]
Le parole hanno dunque un potere quasi magico e riescono a far credere reale ciò che non lo è.
Ma il termine *caso* non è nato 'per caso'... Il termine deriva dal latino *casus,* che significa 'caduta'.
Ma tale concetto in realtà non elimina affatto la finalità, lo scopo, dell'accadere, indica soltanto *qualcosa di inaspettato;* ma anche l'inaspettato accade per delle ragioni che *noi* ignoriamo. Nella conoscenza vedica tale pseudo-concetto non esiste, poiché tutto è sotto il disegno perfetto del *karma.*[171]
Esiste un *telos* cosmico che il mondo positivista ha rifiutato. Inoltre occorre comprendere che storicamente la scienza moderna ha raggiunto il suo potere sociale e culturale grazie ad una grande disillusione nei confronti dei testi sacri e delle tradizioni:

Perfino Descartes, uno dei grandi autori della rivoluzione intellettuale del secolo, concludeva i suoi *Principia Philosophiae,* ponendo come «regola infallibile» che si dovesse considerare come «incomparabilmente più certo di tutto il resto quel che era stato

170. Gorgia, *Encomio di Elena, Liguori editore,* Napoli 2004. pag. 79.

171. Cfr. V. Bellucci, *Le strutture sociali del varnashram-dharma,* Solfanelli Editore, Pescara 2014.

rivelato da Dio».

Dovunque ne giungesse il messaggio, nel campo della storia e della filosofia come in quello della teologia, l'autorità della Bibbia era assoluta. [...] ... per citare Voltaire: "le storie autentiche fanno risalire le origini di questa nazione, attraverso una serie di trentasei accertate eclissi di sole, a una data precedente a quella che noi generalmente propiniamo come data del diluvio".
Da qualsiasi punto di vista si considerasse il fenomeno cinese, era impossibile conciliarlo con il quadro tradizionale della storia e della società europea.[172]

Non fu solo la rivoluzione scientifica a mettere in crisi l'autorità della Bibbia, ma anche le scoperte geografiche e lo studio di altre civiltà minarono la visione estremamente limitata che il testo biblico proponeva. Per gli Illuministi fu il segnale per dare il colpo di grazia all'autorità di qualsiasi tradizione. Lo stesso Bacone, pur essendo cristiano, scriveva: "Gli uomini sono stati ritardati nel progresso scientifico, come per una sorta di incantamento, dalla reverenza per l'antichità...".[173]
Ma di quale antichità parla Bacone? Quella limitatissima della Bibbia... infatti: "I testi profani illuminavano vagamente un tratto di tempo che risaliva al 400 a. C. o giù di lì: tutto il resto era tenebra. Vasti settori della stessa era cristiana erano poco meglio conosciuti: pochi fatti - o miti - che emergevano dalle informi sabbie del tempo."[174]
Nei testi vedici ci viene tramandata una storia molto più antica dell'umanità, storia che pochi studiosi hanno il coraggio di riconoscere come tale, senza squalificarla ideologicamente come

---

172. N. Hampson, *Storia e cultura dell'illuminismo,* Laterza, Bari 1969, pag. 17 e 25.

173. Cit. in N. Hampson, *op. cit.,* pag. 36.

174. *Ivi.,* pag. 19.

fantasia mitologica.[175]
Ma oggi la ricchezza storica e scientifica di tali testi non viene divulgata. È troppo scomoda e va ad intaccare il dogma evoluzionistico che ha permesso al materialismo di vincere le religioni: "Fintanto che non vi fu una teoria evolutiva che spiegasse come le forme di vita complesse possano svilupparsi

175. Esistono numerose e recenti scoperte archeologiche che testimoniano la realtà storica del *Mahabharata* e della dinastia dei Pandava. Lo studioso Kota Venkatachalam ha rivoluzionato gli studi sulla tradizione vedica, in quanto ha dedicato anni di ricerche per portare molte prove della realtà storica di quanto narrato nei *Purāna*; attraverso il ritrovamento e lo studio di monete e iscrizioni rinvenute nei pressi di Nasik egli ha dimostrato la realtà di sovrani vedici come Gautamiputra Satakarni e Andhra Satavana, considerati solo come personaggi mitici... Inoltre ha ricostruito con esattezza le dinastie regali arrivando fino all'epoca del *Mahabharata,* smascherando le distorsioni operate dalla storiografia inglese. Vi sono stati molti ritrovamenti nei luoghi indicati dal poema storico-epico, come ceramiche risalenti al 1000 a. C. ad Hastinapura e a Kurukshetra. In più i *Purāna* affermano che la capitale del regno dei Pandava fu spostata da Hastinapura a Kaushambi dopo un'alluvione del Gange; gli studi archeologici e geologici hanno confermato tale alluvione, così come è stato confermato lo spostamento del corso del fiume Saraswati. Benedetti, nota acutamente: "Come potrebbe l'epos ario del Mahabharata conservare così tante memorie di un fiume che già era disseccato quando gli Arii sarebbero arrivati in India? Noi troviamo nei testi indiani più antichi una civiltà in cui il fiume Saraswati aveva un ruolo essenziale, santificato per secoli dalla presenza di *Rishi* (veggenti) che sacrificavano e praticavano l'ascesi sulle sponde, fino a che un cataclisma provocò la scomparsa del fiume e la sua santità passò al Gange (come il *Brahmavaivarta Purāna* pare alludere), segno anche di uno spostamento geografico del centro della civiltà. La cosa ci viene confermata anche dalla tradizione puranica secondo la quale nel Dvapara-yuga è Kurukshetra, che appartiene al corso della Saraswati, il luogo più sacro, mentre nel Kali-yuga lo è il Gange. Questo spostamento della civiltà dell'Indo e della Saraswati verso la valle gangetica è riconosciuta anche da alcuni archeologi... [...] La 'questione Saraswati' comporta un ripensamento radicale di una idea del passato dell'India imposta dalla storiografia britannica non solo agli Indiani, ma anche alla nostra tradizione accademica che solo ora scopre le fonti archeologiche, capaci di mettere in crisi un quadro (già criticato più volte non solo da nazionalisti indiani ma anche da voci di studiosi autorevoli come F. E. Pargiter), basato su [...] interpretazioni pregiudiziali dei testi indiani...". [G. Benedetti, *Sulle tracce del fiume Saraswatī e della sua antica civiltà tra letteratura, archeologia e geologia,*, articolo pubblicato su accademia.edu, pp. 114-116.]

a partire da forme più semplici, ogni nuova prova di equilibrio ecologico o di armonia funzionale non poteva apparire che come una nuova strofe nell'inno della natura in lode del suo onnipotente creatore".[176] Darwin, volente o nolente, è stato (ed è ancora) colui che "ha reso possibile adottare un punto di vista ateo con piena soddisfazione intellettuale."[177] Ma tale 'soddisfazione' si basa su una falsa spiegazione, su un mito senza prove scientifiche... inoltre l'ateismo dei Dawkins e dei Nagel nasce dalla paura e non da un vero e proprio rifiuto del sacro:

> Parlo per esperienza, essendo io stesso fortemente soggetto a paura: vorrei che l'ateismo fosse una certezza... [...] Il fatto è che spero non esista alcun Dio! Non voglio che esista un Dio, non voglio che l'universo sia così... [...] [la paura della religione può essere] responsabile in larga misura dello scientismo e del riduzionismo del nostro tempo.[178]

Ecco perché urge un diverso paradigma del divino, un paradigma non basato sul Dio del Vecchio Testamento, che appare violento e vendicativo, ma basato su conoscenza e amore, sul *Vedanta* e sulla *Bhakti.* Lo aveva ben compreso il filosofo Aurobindo: "Quando cambierà il mondo per divenire il modello del cielo? Quando tutta l'umanità sarà fatta di ragazzi e ragazze insieme a Dio rivelato come Krishna... [...] L'Eden semitico... [...] Adamo ed Eva erano troppo adulti e il suo stesso Dio troppo vecchio, severo e solenne perché si potesse resistere all'offerta del Serpente."[179] Ma il serpente è solo l'illusione degli idoli scientisti e materialisti, l'illusione di poter fare a meno del fascino e della dolcezza infiniti... L'estasi di Radha e Krishna ognuno la può sperimentare praticando la Bhakti; è una scienza; e l'elemento femminile del divino in questa mistica è preminente...Mentre

---

176. N. Hampson, *op. cit.,* pp. 23-24.

177. R. Dawkins, cit. in AA. VV., *Voci fuori dal coro, op. cit.,* pag. 409.

178. T. Nagel, *L'ultima parola...,* Feltrinelli, Milano 1999, pag. 127.

179. Sri Aurobindo e Mère, *Krishna,* Domani, India 1997, pag. 52.

nelle religioni maschiliste, che odiano il femminile e dove Dio è solo maschile, la violenza domina. La reazione ateistica era inevitabile...

In fondo è solo grazie alle illusioni tecnologiche che l'umanità adora la scienza materialistica, il suo nuovo 'dio'; ma la tecnica non è verità, la tecnica *funziona* - e basta. Anche la menzogna *funziona*... Ma i suoi frutti sono molto amari. Sono molte le menzogne della modernità e il disagio che ne deriva pesa in modo schiacciante sulla psiche di intere generazioni: "I nostri scienziati riempiranno il mondo di giocattoli costosi, sono bambinoni che giocano a violentare la natura, e che noi ammiriamo talvolta a torto, visto che i servigi che ci rendono sono sempre più discutibili."[180] Tale 'scienza' mira al dominio del mondo, dominio illusorio, autodistruttivo. L'umanità farebbe meglio ad ammirare la saggezza primordiale, la conoscenza spirituale ancestrale che ogni civiltà antichissima ha tentato di proteggere, prima che l''uomo bianco' iniziasse la nota sequenza di genocidi... Perché dovremmo stimare coloro che non sanno? Essi, i pochi intellettualmente onesti, riconoscono: "Noi non comprendiamo l'evoluzione. [...] Se gli organismi sono sessuati perché la ricombinazione genetica è una buona strategia di ricerca, ma la ricombinazione è utile come strategia di ricerca solo su certe classi di paesaggi di fitness, allora da dove derivano tali paesaggi di fitnes? Nessuno lo sa. [...] Una biosfera, o un'econosfera, si co-costruiscono in modo autoconsistente secondo principi che ancora non sappiamo spiegare."[181]

Bene. *Loro non sanno spiegare*... Ma nella *Śrī Brahma-samhitā* la spiegazione esiste, ed è precisa, chiara, limpida e soddisfa la mente e il cuore; i testi vedici spiegano meravigliosamente come la vita si è manifestata e perché, e spiegano il profondo motivo della sessualità... Inoltre tale visione è in armonia con le visioni della fisica più avanzata. Lascio al lettore la gioia incomparabile di scoprire questa conoscenza antichissima, piena di verità, di saggezza e di amore.

---

180. A. Caraco, *Breviario del caos,* Adelphi, Milano 1998, pag. 52.

181. S. Kauffman, *op. cit.,* pag. 24, 27 e 29.

BIBLIOGRAFIA

Arber W., *La vita e le sue origini,* in *Scienza e Spiritualità,* Il raggio verde, Lecce 2005.

Behe M., *La scatola nera di Darwin,* Alfa e Omega edizioni, Caltanisetta 2007.

Bui D. e Leoni S., *Mente, Cervello e Coscienza. Il vicolo cieco del materialismo nel pensiero di Sir John Eccles,* Mattioli 1885, Fidenza 2006.

Dalton R., *Footprint claims get stamped on. Age data knock first impressions of marks in Mexican rock,* Nature, 30 Novembre 2005.

Daniélou A., *Miti e Déi dell'India,* Rizzoli, Milano 2002.

Darwin C., *L'origine delle specie,* Bollati Boringhieri, Torino 1999, pag. 242.

Darwin C., *L'origine delle specie. Saggio del 1844,* Newton, Roma 2013.

Davies P., *Dio e la nuova fisica,* Mondadori, Milano 1994.

De Corte M., *Fenomenologia dell'autodistruttore,* Borla, Torino 1967.

De Rosa P., *E se Darwin si fosse sbagliato?...,* Youcanprint, 2012.

Einstein A., *Il mondo come io lo vedo,* Newton editore, Roma 2009.
Eldredge N., *Ripensare Darwin,* Einaudi, Torino 1999.

Flew A., *Dio esiste. Come l'ateo più famoso del mondo ha cambiato idea,* Alfa e Omega, Caltanissetta 2010.

Goethe J. W., *Massime e Riflessioni,* TEA, Milano 1983.

Goethe J. W., *Metamorfosi degli animali,* SE, Milano 1986.

Goethe J. W., *La metamorfosi delle piante,* Guanda, Parma 1983.

Hampson N., *Storia e cultura dell'illuminismo,* Laterza, Bari 1969.

Khan F,, *Il grande libro della Natura, vol. II,* Hoepli, 1954.

Kauffman S., *Esplorazioni evolutive,* Einaudi, Torino 2005.

Laszlo E., *Risacralizzare il cosmo,* Urra edizioni, Milano 2008.

Le Méné J.-M., *Il professor Lejeune. Fondatore della genetica moderna,* Cantagalli, 2008

Lejeune J., *Il messaggio della vita,* Cantagalli, Siena 2013.

Leonardo da Vinci, *Scritti,* Rusconi, Rimini 2009.

Locke J., *Saggio sull'intelligenza umana,* Laterza, Bari 1951.

Lo Presti G., *Evoluzionismo a confronto,* Bonanno editore, Roma 2012.

Meyer S. C., *Darwin's doubt,* Harper Collins, 2013.

Merleau-Ponty M., *Segni,* Net, Milano 2003.

Monod J., *Il caso e la necessità. Saggio sulla filosofia naturale della biologia contemporanea,* Mondadori, Milano 1970.

Nagel T., *Mind and Cosmos. Why the Materialist Neo-Darwinian Conception of Nature Is Almost Certainly False,* Oxford University Press, 2012.

Palmarini M. P. e Fodor J., *Gli errori di Darwin,* Feltrinelli, Milano 2010.

Popper K., *Unended Quest: An Intellectual Autobiography,* 1974.

Portmann A., *Animal Forms and Patterns,* Schocken Books, 1967.

Portmann A., *L'arte nella vita dell'uomo,* in AA.VV., *Dibattito sull'arte contemporanea,* Comunità, Milano 1954.

Sermonti G., *Dimenticare Darwin,* Il Cerchio, Rimini 2006.

Sermonti G. e Fondi R., *Dopo Darwin. Critica all'evoluzionismo,* Rusconi, 1980.

Servier J., *L'uomo e l'invisibile. Saggio di etnologia,* Borla editore, Torino 1967.

Servier J., *Storia dell'utopia,* Mediterranee, Roma 2002.

Srimad-Bhagavatam, Canto 4, cap. 24, v.73, BBT, Firenze 1984.

Steen-Mcintyre V., Fryxell R., H. E. Malde, *Geological evidence for age of deposits at Hueyatlaco archeological site, Valsequillo, Mexico,* in Quaternary Research, 16, 1981.

Steiner R., *Meraviglie del Creato...,* Editrice Antroposofica, Milano 1993.

Stevenson I., *Where Reincarnation and Biology Intersect,* Armenia, Milano 1999.

Tiezzi E., *La bellezza e la scienza,* Raffaello Cortina Editore, Milano 1998.

Twain M., *L'umorismo è la nostra salvezza,* Mattioli 1885, Fidenza 2010.

Valéry P., *Quaderni. Volume quinto,* Adelphi, Milano 2002.

Voltaire, *Dialoghi di Evemero,* SE, Milano 1989.

Wells J., *Le balle di Darwin,* Rubbettino, Catanzaro 2009.

APPENDICE

(immagini e documenti)

I.

La cellula

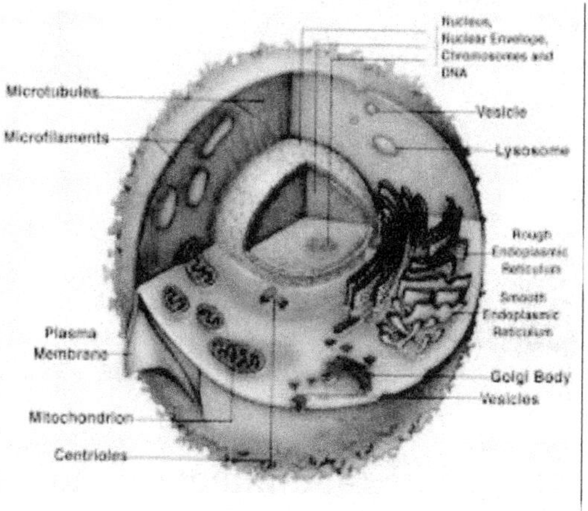

Nessuno riesce a spiegare la comparsa della cellula con la sintesi neo-darwininana. I fossili delle cellule di miliardi di anni fa ci mostrano la stessa perfezione della cellula esistente oggi. La cellula ha una organizzazione complessa paragonabile ad una piccola citta’.

II.

Il primo occhio

L'occhio del trilobite (450 milioni di anni fa) ha una straordinaria complessità e per il prof. David Raup esso rappresenta una struttura che nemmeno un ingegnere ottico saprebbe imitare senza una notevole inventiva. Si tratta del primo occhio di cui si ha documentazione fossile…

III.

L'esplosione del cambriano

Circa mezzo miliardo di anni fa sono apparse le forme di vita complesse. I fossili non documentano alcuno sviluppo dai batterii a tali forme. Si tratta della famosa 'esplosione cambriana' che gli evoluzionisti non riescono a spiegare.

IV.

Le ali degli insetti

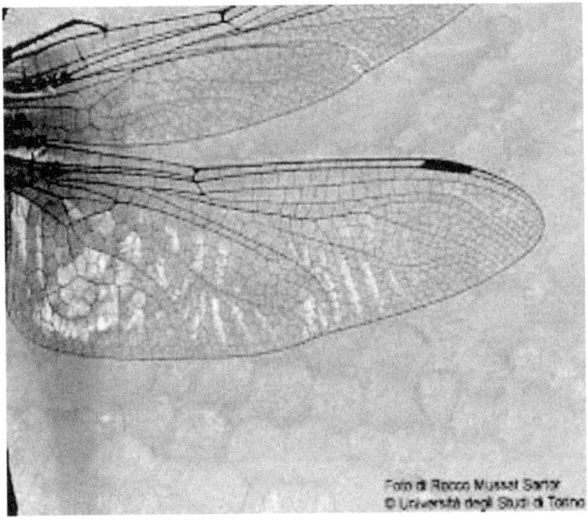

Le ali degli insetti sfidano ogni pretesa evolutiva. Esse sono ‘apparse’, ed il biologo inglese robin j. Wootton afferma che esse rappresentano un perfetto disegno aerodinamico, progettato per il volo. (R. J. Wootton, the mechanical design of insect wings, scientifican american 263, 1990)

V.

Impronte umane scomode

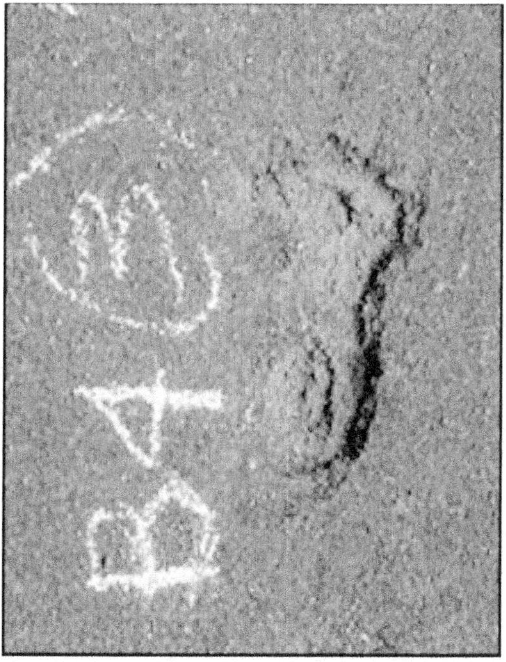

Ecco uno dei molti casi in cui le scoperte scientifiche che vanno contro il paradigma evoluzionistico vengono rifiutate.
Le impronte furono rinvenute nel 2005 in un sito a 130 chilometri da città del messico, dalla dott.ssa Silvia

Gonzales e dai professori David Huddart e Matthew Bennett, che inizialmente datarono il tutto come risalente a 38.000 Anni fa. In seguito, però, la datazione del sito, in base ai resti vulcanici, venne portata ad un milione e 300 mila anni fa… a questo punto le impronte non vennero più considerate umane…

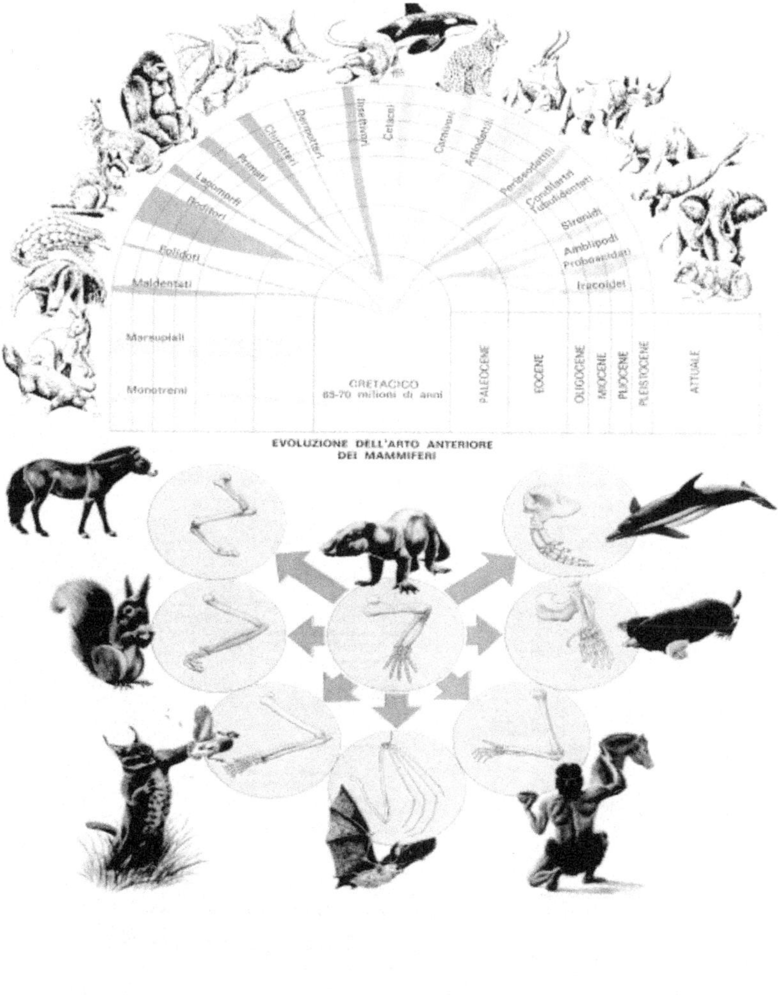
Dermotteri
Chirotteri
Primati
Lagomorfi
Roditori
Folidoti
Maldentati
Cetacei
Carnivori
Artiodattili
Perissodattili
Sirenidi
Amblipodi
Iracoidei
Marsupiali
Monotremi
CRETACICO
65-70 milioni di anni
PALEOCENE
EOCENE
OLIGOCENE
MIOCENE
PLIOCENE
PLEISTOCENE
ATTUALE
EVOLUZIONE DELL'ARTO ANTERIORE
DEI MAMMIFERI

Rif. Pag. 51

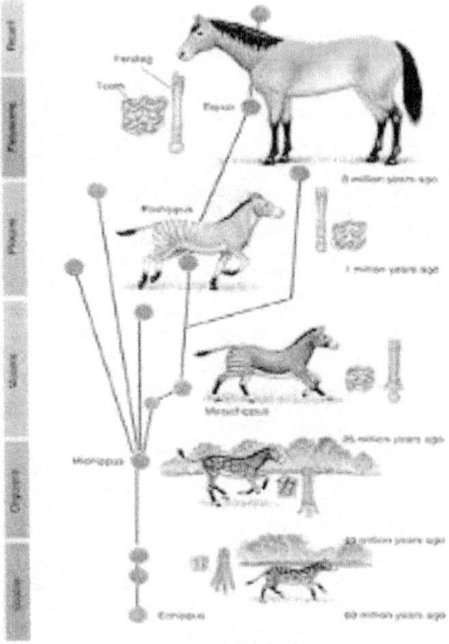

Rif. Pag. 54

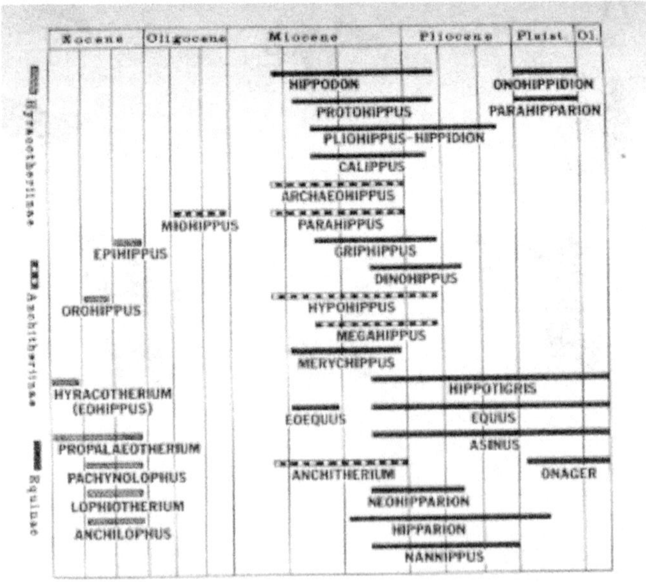

Rif. Pag. 55

Rif. Pag. 59

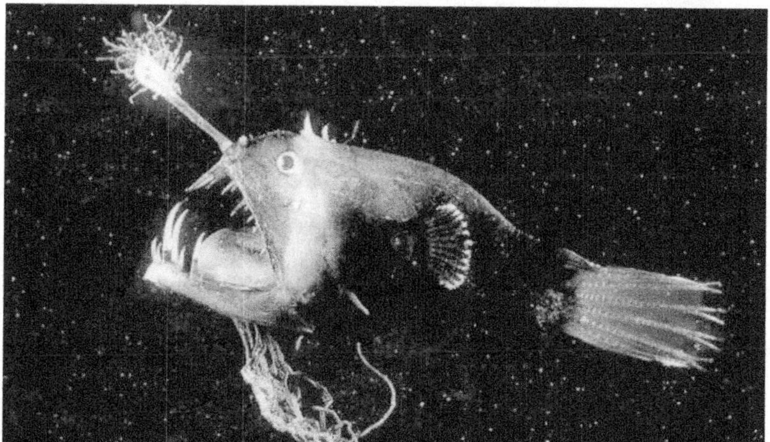

Rif. Pag. 98

Rif. Pag. 99

Rif. Pag. 103

INDICE

Tipografia: Universal Book Srl
Via Botticelli, 22- 87036 Rende (CS)
www.universalbook.com

Made in the USA
Monee, IL
04 November 2026

67383630R00075